ビジュアル大百科
元素と周期表

ビジュアル大百科
元素と周期表

DK

トム・ジャクソン 著
Tom Jackson

ジャック・チャロナー 監修
Jack Challoner

藤嶋 昭 監訳
Akira Fujishima

伊藤伸子 訳
Nobuko Itoh

化学同人

Original Title: The Periodic Table Book
Copyright © 2017 Dorling Kindersley Limited
A Penguin Random House Company

Japanese translation rights arranged with
Dorling Kindersley Limited, London
through Fortuna Co., Ltd. Tokyo.
For sale in Japanese territory only.

ビジュアル大百科
元素と周期表
2018 年 8 月 10 日　第 1 版第 1 刷発行
2024 年 10 月 10 日　　　第 3 刷発行

著　者	トム・ジャクソン
監修者	ジャック・チャロナー
監訳者	藤嶋　昭
訳　者	伊藤伸子
発行人	曽根良介
発行所	株式会社化学同人

〒600-8074　京都市下京区仏光寺通柳馬場西入ル
TEL：075-352-3373　FAX：075-351-8301
URL：https://www.kagakudojin.co.jp

装　丁　上野かおる（鷺草デザイン事務所）
本文DTP　　　　　　　松井康郎

〈出版者著作権管理機構委託出版物〉
本書の無断複写は著作権法上での例外を除き禁じられています．複写される場合は，そのつど事前に，出版者著作権管理機構（電話 03-5244-5088，FAX 03-5244-5089，e-mail: info@jcopy.or.jp）の許諾を得てください．

無断転載・複製を禁ず

Printed and bound in China

©N. Ito 2018
ISBN978-4-7598-1963-2

乱丁・落丁本は送料小社負担にてお取りかえいたします

www.dk.com

目次

はじめに	6
あらゆる物質は元素でできている	8
化学者の活躍	10
原子の正体	12
元素周期表	14
化学反応はどのように起こるか	16

水　素　18
水　素	20

アルカリ金属　22
リチウム	24
ナトリウム	26
コラム 塩田	28
カリウム	30
ルビジウム	32
セシウム・フランシウム	34

アルカリ土類金属　36
ベリリウム	38
マグネシウム	40
カルシウム	42
コラム 極彩色の泉	44
ストロンチウム	46
バリウム	48
ラジウム	50

遷移金属　52

スカンジウム・チタン	54
バナジウム・クロム	56
マンガン	58
鉄	60
コラム 鋼鉄をつくる	62
コバルト	64
ニッケル	66
銅	68
コラム 銅　線	70
亜　鉛	72
イットリウム	74
ジルコニウム・ニオブ	76
モリブデン・テクネチウム	78
ルテニウム・ロジウム	80
パラジウム	82
銀	84
カドミウム・ハフニウム	86
タンタル・タングステン	88
レニウム・オスミウム	90
イリジウム	92
白　金	94
金	96
コラム 黄金の観音像	98
水　銀	100
ラザホージウム・ドブニウム・シーボーギウム	102
ボーリウム・ハッシウム・マイトネリウム	104
ダームスタチウム・レントゲニウム・コペルニシウム	106

ランタノイド　108

ランタン・セリウム・プラセオジム	110
ネオジム・プロメチウム・サマリウム・ユウロピウム	112
ガドリニウム・テルビウム・ジスプロシウム・ホルミウム	114
エルビウム・ツリウム・イッテルビウム・ルテチウム	116

アクチノイド　118

アクチニウム・トリウム・プロトアクチニウム	120
ウラン・ネプツニウム・プルトニウム・アメリシウム	122
キュリウム・バークリウム・カリホルニウム・アインスタイニウム	124
フェルミウム・メンデレビウム・ノーベリウム・ローレンシウム	126

ホウ素族　128

ホウ素	130
アルミニウム	132
コラム タービン翼	134
ガリウム・インジウム	136
タリウム・ニホニウム	138

炭素族　140

炭　素	142
【コラム】ピンクダイヤモンド	144
ケイ素	146
ゲルマニウム・スズ	148
鉛・フレロビウム	150

窒素族　152

窒　素	154
コラム ドラッグレース	156
リ　ン	158
ヒ素・アンチモン	160
ビスマス・モスコビウム	162

酸素族　164

酸　素	166
硫　黄	168
コラム 硫黄がつくる絶景	170
セレン・テルル	172
ポロニウム・リバモリウム	174

ハロゲン　176

フッ素	178
塩　素	180
コラム 海中での除草作業	182
臭　素	184
ヨウ素・アスタチン・テネシン	186

貴ガス　188

ヘリウム	190
コラム ガス状星雲	192
ネオン・アルゴン	194
クリプトン・キセノン	196
ラドン・オガネソン	198

用語集	200
元素の索引（原子番号順）	203
索　引	204
謝　辞	208

イットリウム

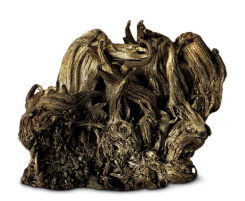
銀

ジルコニウムの結晶

まえがき

　山も海も、私たちの体に入る空気も食べ物も、自然界にあるものはすべて、「元素」とよばれる簡単な成分からできています。そのうちのいくつかは、たとえば、金や鉄、酸素やヘリウムなどよく耳にするものです。この4種類のほかにも元素はたくさんあり、全部で118種類になります。元素の多くは、化学的にも物理的にもそれぞれ特有の、ときには思いもよらないような性質をもっています。たとえばガリウムという金属は、手に乗せるとまもなく溶けてしまいます。硫黄の化合物は、腐った卵のような嫌な匂いを放ちます。フッ素には、爆発するとコンクリートに穴を開けるほどの威力があります。

　1種類の元素だけでできている「単体」という形態で存在する元素はあまり多くありません。たいていは他の元素と結びついて化合物をつくり、そういった化合物をもとにして私たちのまわりの物質はできあがっています。水素と酸素が結びつくと水に、ナトリウムと塩素が結びつくと食塩になります。炭素は何百万種類もの化合物をつくり、その多くはタンパク質や糖として、私たちが活動するためのエネルギー源となっています。

　元素についてもっと知りたくなったら、周期表をじっくり見てみましょう。周期表とは、すべての元素を1枚の表にまとめたもので、世界中の科学者が利用しています。周期表では、似た性質をもつ元素がグループに分けられ、元素それぞれに関する基本的な情報がひとめでわ

ニッケル

溶けかけのガリウム

ヨウ素

バリウムの結晶

金属セレン

マグネシウムの結晶

オスミウム

かるようになっています。周期表から得られる情報を手がかりにすれば、必要に応じて元素を選び、さまざまに役立てることができます。歯を丈夫にしたければフッ素化合物を歯磨き粉に配合し、家電製品やスマートフォンをつくりたければケイ素の結晶を加工してマイクロチップにします。

どの元素にも、どのような姿で存在し、どのような性質をもち、どのように利用されているかという、それぞれの物語があります。ここからは、ひとつひとつの元素の物語を巡る旅に出かけるとしましょう。なかなかおもしろい旅になると思いますよ。

トム・ジャクソン

本書では、元素の性質や原子の構造を説明するために次のような記号を使っています。	
	元素のもとになるもっとも小さな粒子「原子」の構造を表しています。中央に原子核（陽子と中性子でできています）、そのまわりに電子があります。
	電子の数
	陽子の数
	中性子の数
状　態	20℃のときの状態。液体、固体、気体のいずれか。
発　見	その元素が発見された年。

ウラン

金の結晶

ツリウムの結晶

カルシウムの結晶

あらゆる物質は元素でできている

はじめに

あんなところにもこんなところにも、ありとあらゆる場所に元素は存在します。金のようにはっきりと目に見える元素もあれば、酸素ガスのように目には見えない元素もあります。物質を細かくしていって、それ以上分けることのできない成分を「元素」といいます。元素の実体は、「原子」という小さな粒子です。それぞれの元素に対して、特定の原子が存在します。ほとんどの元素は他の元素と結びついて化合物をつくります。化合物とは、2種類以上の元素からできている物質です。たとえば水は、水素と酸素という2種類の元素からなる化合物です。

地球上の元素

周期表には 118 種類の元素が並んでいます。このうち 92 種類は天然に存在し、それ以外は人間がつくりだしたものです。どの元素にもそれぞれ特有の性質があります。室温では元素の多くが固体ですが、11 種類は気体、臭素と水銀の 2 種類は液体です。

ビスマスの結晶

気体の臭素と液体の臭素
（ガラス球の底に液体が見える）

土　　水
空気　　火

古代の考え方

人間が元素という考えを思いついたのは今から2600年も前、古代ギリシャ時代のことでした。古代ギリシャの思想家は、世界はわずか4種類の元素（土、水、火、空気）でできていると考えました。元素について最初にこのような説明をしたのは有名な哲学者エンペドクレスです。4種類の元素がどれも本当の元素ではないとわかったのは、ずっと後の時代になってからでした。その間、数千年にわたり、古代エジプトの司祭も中世ヨーロッパの錬金術師も、古代ギリシャの考えに基づいて元素の定義や分類の方法についてあれこれ考えをめぐらせていたのです。

身近な元素

人間の体の約99%はわずか6種類の元素でできていますが、この6種類が結びついてできる物質は何千種類にものぼります。一方、地球の大気は数種類の気体が混ざったものですが、そのほとんどが単一の元素です。大気の約99%が窒素と酸素で占められています。

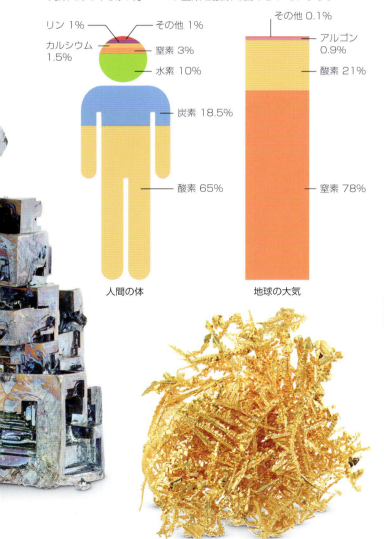

人間の体
- リン 1%
- その他 1%
- カルシウム 1.5%
- 窒素 3%
- 水素 10%
- 炭素 18.5%
- 酸素 65%

地球の大気
- その他 0.1%
- アルゴン 0.9%
- 酸素 21%
- 窒素 78%

金の結晶

工房で実験を行うイランの錬金術師

錬金術と神秘主義

現代でこそ元素や化合物を研究する人といえば「化学者」ですが、化学者が誕生する前の中世では「錬金術師」が物質の研究をしていました。錬金術師は科学と魔術を結びつけて考え、普通の金属（鉛など）から金をつくりだす実験を繰り返していましたが、なかなかうまくいきませんでした。というのも、ある元素を別の種類の元素に変えることなどそもそも不可能だったからです。しかし失敗が続いたとはいえ、そのなかから新しい元素が発見されたり、現在でも利用されている実験手法が考えだされたりもしました。

ロバート・ボイル

科学の知識をもとに元素について考えた最初の人物は、アイルランド生まれの科学者で発明家の、ロバート・ボイルです。ボイルは論理的に考えることを重視して科学研究を進めました。1660年代に最初の化学実験を行い、錬金術師の考えのほとんどが誤っていたことを明らかにしました。

はじめに

はじめに

化学者の活躍

古代ギリシャ時代以降は、「4種類の元素（土、水、火、空気）説」に基づいて、地球上の物質はすべて土、水、火、空気が混ざり合ってできていると考えられるようになりました。ところが実際には、水銀、硫黄、金など、どの4元素にもあてはまらない物質がたくさんあることもわかってきました。今から300年ほど前ごろから、化学者は次つぎに現れる手がかりをたどりながら、元素や元素を構成する原子の根本的な性質、化学反応の間に原子に起こっていることなどを明らかにしてきました。

ハンフリー・デービィ
19世紀のはじめ、イギリスの科学者ハンフリー・デービィは電気分解という方法を利用して新しい金属を次つぎと発見しました。電気分解とは、電流を流して化合物を元素に分ける、当時としては画期的な方法でした。デービィが見つけた元素はマグネシウム、カリウム、カルシウムなど全部で6種類です。

化学者の草分け

1700年代に入ると、空気の成分を明らかにしようとする研究のなかから発見が相次ぎ、化学が大きく進歩します。ジョセフ・ブラック、ヘンリー・キャベンディッシュ、ジョセフ・プリーストリーら化学者が、数種類の「空気」（現在でいう気体）を見つけました。また、これらの「空気」は当時「土」とよばれていた固体の物質と反応することもわかりました。こういった数かずの発見がはずみとなり、元素は4種類ではなく何十種類もあることが少しずつ明らかにされていったのです。現在では118種類の元素が確認されていますが、いずれはもっと増える可能性もあります。

アントワーヌ・ラボアジエ
1777年、フランスの科学者アントワーヌ・ラボアジエは、硫黄が元素であることを証明しました。この黄色い物質は、数千年も前から知られてはいましたが、それ以上分けられないただ1種類の物質であることがはじめて実験で示されたのです。同じ年、ラボアジエはさらに、水は1種類の元素ではなく、水素と酸素からできている化合物であることも突き止めました。

塊状の硫黄

マグネシウムの結晶

ジョン・ドルトン

19世紀のはじめには、物質は小さな粒子でできていると大方の科学者が考えるようになっていました。イギリスの科学者ジョン・ドルトンもその一人です。ドルトンは1803年ごろから、粒子が結合するしくみを研究するようになり、元素はそれぞれ違う粒子でできていて、同じ元素に含まれる粒子はすべて同じ質量であることに気づきました。また、異なる元素の粒子どうしが結合する際にはいつも簡単な整数比が成り立つことも見つけました。たとえば、炭素と酸素の粒子が1対1の割合で結合すると一酸化炭素ができます。さらに、化学反応の間に粒子の並び方が変わり、別の化合物ができるという説も提案しました。ドルトンはこうした研究をまとめ、新しい原子の考え方（近代的な原子論）を打ち立てました。

ドルトンの考えた元素の表

ヤコブ・ベルセリウス

1800年代のはじめ、岩石や鉱物に含まれる化合物を調べていたスウェーデンの医師ヤコブ・ベルセリウスは新しい元素を含む鉱物を2種類見つけ、それぞれの元素にセリウム（準惑星のケレスにちなむ）とトリウム（北欧神話の雷の神トールにちなむ）と名前をつけました。ベルセリウスはまた、文字と数字で元素を表す方法も考えだしました。この方法は、現代でも、元素や化合物を表すときに使われています。

塊状のセリウム

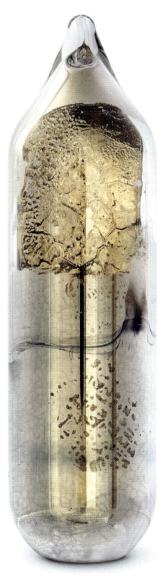

容器に封入されたセシウム

物質の状態

元素は固体、液体、気体のいずれかの状態で存在しています。室温では、ほとんどの元素は固体、11種類が気体、2種類が液体です。ただし元素の状態は、温度や圧力などの条件で変化します。状態の変化は原子そのものの変化ではなく、原子の並び方が変化して生じる現象です。

固体

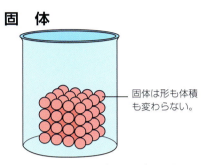

固体は形も体積も変わらない。

固体ではすべての原子が互いに引きつけあい、同じ場所から動かない。

液体

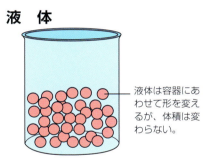

液体は容器にあわせて形を変えるが、体積は変わらない。

液体では原子どうしを結びつける力がそれほど強くないため、原子が動く。

気体

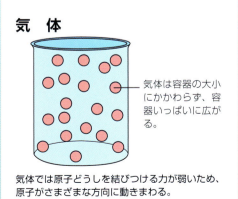

気体は容器の大小にかかわらず、容器いっぱいに広がる。

気体では原子どうしを結びつける力が弱いため、原子がさまざまな方向に動きまわる。

ロベルト・ブンゼン

ロベルト・ブンゼンといえば、今でも実験室で使われているガスバーナーを発明したことで有名な、ドイツの化学者です。1850年代、ブンゼンが自作のバーナー（熱くて混じり気のない炎をだす）で元素を燃やし、元素ごとに特有の炎の色を調べていたところ、青色の明るい炎を放つ物質を見つけました。ブンゼンはこの物質に、ラテン語で「空の青色」を意味するセシウムという名前をつけました。

原子の正体

はじめに

原子とは、元素の最小単位です。原子はとても小さいので、どんなに高性能の顕微鏡でも見ることはできませんが、ありとあらゆる場所に存在しています。原子は陽子、中性子、電子というさらに小さな粒子でできています。原子に含まれる陽子の個数は、元素の種類ごとに決まっています。

原子番号とは何か

原子に含まれる陽子の数を「原子番号」といいます。原子番号がわかれば、その原子が属する元素の種類もわかります。つまり、原子（元素）の性質を決めているのは、原子核に含まれる陽子の個数なのです。どの原子も、陽子と同じ数の電子をもっています。天然に存在する元素のなかで原子番号がもっとも小さいのは水素（1）、もっとも大きいのはウラン（92）です。

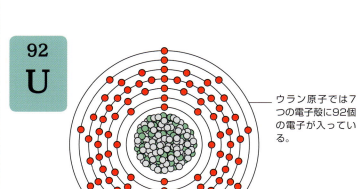

1 H — 原子番号

水素原子の中央には陽子が1個あり、そのまわりを1個の電子が回っている。電子の回る場所を電子殻という。

水素原子

3 Li

リチウム原子では2つの電子殻に3個の電子が入り、中心にある陽子と中性子のまわりを回っている。

リチウム原子

92 U

ウラン原子では7つの電子殻に92個の電子が入っている。

ウラン原子

電子： 原子の中にある、マイナス（−）の電気を帯びる小さな粒子を電子という。原子が他の原子と反応したり、結びついたりするとき、電子が重要な役割を果たす。

電子殻： 電子は原子核を取り巻くいくつかの層（電子殻）に分かれて、原子核のまわりを回る。原子と原子が反応するときは、いちばん外側の電子殻にできるだけたくさんの電子を詰め込んで安定な状態になろうとする。

中性子：名前のとおり電気的に中立な粒子。つまりプラス（＋）の電気もマイナス（－）の電気も帯びていない。中性子の重さは陽子とほぼ同じで、電子よりもはるかに重い。

陽子：陽子はプラス（＋）の電気を帯びる。＋の電気を帯びる陽子が－の電気を帯びる電子を引きつけるため、電子は原子核のまわりにうまく収まる。陽子の＋の電気と電子の－の電気は打ち消しあい、原子全体では電気的に中立（ゼロ）の状態となる。

原子核：原子の中心にある原子核は陽子と中性子でできている。電子はとても軽いので、原子の質量のほとんどが原子核で占められている。元素の種類が異なると原子量も変わる。

原子のマメ知識

He-3　　He-4

同位体
原子に含まれる電子の数と陽子の数は元素ごとに決まっていますが、中性子の数は変わることがあります。中性子の数の異なる原子を「同位体（アイソトープ）」といいます。たとえばヘリウム（通常は中性子2個）には、中性子を1個含むHe-3と、2個含むHe-4という、2種類の同位体が存在します。

金属片を引きつける電磁石

電磁気力
原子には電磁気力という力が作用しており、その力によって原子はひとつにまとまっています。反対の電気を帯びた粒子（陽子と電子）が引きつけあい、同じ電気を帯びた粒子が反発するのは、電磁気力が働いているためです。磁石が他の物体を引きつけたりはねとばしたりするのも、磁石の中の原子が磁力（電磁気力）をもっているからです。電磁石は、電流が流れることによって磁力を生みだす磁石です。

原子核物理学の父

20世紀のはじめ、ニュージーランド出身の科学者アーネスト・ラザフォード男爵は陽子を発見し、原子核の中に陽子があることを証明しました。ラザフォードの研究により、原子の構造が詳しくわかってきました。

アーネスト・ラザフォード男爵

はじめに

元素周期表

はじめに

元素周期表は、すべての元素を整理してまとめた便利な表です。原子核に含まれる陽子の数は元素ごとに決まっていて、この数を「原子番号」といい、周期表では原子番号の順に元素が並べられています。横の列は「周期」、縦の列は「族」とよばれます。周期表を考えたのは、化学者ドミトリ・メンデレーエフです。メンデレーエフは、化学的性質や物理的性質の似ている元素が同じ縦の列に並ぶように、表をまとめました。

1 H 1.0079											
3 Li 6.941	4 Be 9.0122										
11 Na 22.990	12 Mg 24.305										
19 K 39.098	20 Ca 40.078	21 Sc 44.956	22 Ti 47.867	23 V 50.942	24 Cr 51.996	25 Mn 54.938	26 Fe 55.845	27 Co 58.933	28 Ni 58.693	29 Cu 63.546	30 Zn 65.39
37 Rb 85.468	38 Sr 87.62	39 Y 88.906	40 Zr 91.224	41 Nb 92.906	42 Mo 95.94	43 Tc (96)	44 Ru 101.07	45 Rh 102.91	46 Pd 106.42	47 Ag 107.87	48 Cd 112.41
55 Cs 132.91	56 Ba 137.33	57-71 La-Lu	72 Hf 178.49	73 Ta 180.95	74 W 183.84	75 Re 186.21	76 Os 190.23	77 Ir 192.22	78 Pt 195.08	79 Au 196.97	80 Hg 200.59
87 Fr (223)	88 Ra (226)	89-103 Ac-Lr	104 Rf (261)	105 Db (262)	106 Sg (266)	107 Bh (264)	108 Hs (277)	109 Mt (268)	110 Ds (281)	111 Rg (272)	112 Cn 285

アクチノイドとランタノイドは本来はアルカリ土類金属と遷移金属の間に入るものだが、数が多く収まりきらないので、抜き出して、表の下の方に書かれている。

57 La 138.91	58 Ce 140.12	59 Pr 140.91	60 Nd 144.24	61 Pm (145)	62 Sm 150.36	63 Eu 151.96	64 Gd 157.25	65 Tb 158.93
89 Ac (227)	90 Th 232.04	91 Pa 231.04	92 U 238.03	93 Np (237)	94 Pu (244)	95 Am (243)	96 Cm (247)	97 Bk (247)

凡例

- 水素
- アルカリ金属
- アルカリ土類金属
- 遷移金属
- ランタノイド
- アクチノイド
- ホウ素族
- 炭素族
- 窒素族
- 酸素族
- ハロゲン
- 貴ガス

周期表の見方

元素記号

元素はアルファベット1文字または2文字を組み合わせた元素記号で表されます。元素記号は世界共通の化学の言葉なので、話す言語の異なる科学者が議論をするときにも間違うことはありません。

3	
Li	原子番号はこの元素の原子の原子核に含まれる陽子の数を表す。
6.941	元素記号の最初の文字は大文字で、2番目の文字は小文字で書く。
	原子量は、この元素の全種類の同位体（中性子の数が異なる原子；p.13参照）の原子量の平均から求められる。このため原子量は整数にならない。

ホウ素族の元素のうちホウ素は半金属で、ホウ素以外は金属である。半金属は金属と非金属、両方の性質をもつ。金属のように輝く一方で、非金属のようにもろい。

貴ガスに含まれる元素は、他の元素と結合をつくらず、化学反応も起こさない。

					2 He 4.0026
5 B 10.811	6 C 12.011	7 N 14.007	8 O 15.999	9 F 18.998	10 Ne 20.180
13 Al 26.982	14 Si 28.086	15 P 30.974	16 S 32.065	17 Cl 35.453	18 Ar 39.948
31 Ga 69.723	32 Ge 72.64	33 As 74.922	34 Se 78.96	35 Br 79.904	36 Kr 83.80
49 In 114.82	50 Sn 118.71	51 Sb 121.76	52 Te 127.60	53 I 126.90	54 Xe 131.29
81 Tl 204.38	82 Pb 207.2	83 Bi 208.96	84 Po (209)	85 At (210)	86 Rn (222)
113 Nh 284	114 Fl 289	115 Mc 288	116 Lv 293	117 Ts 294	118 Og 294
66 Dy 162.50	67 Ho 164.93	68 Er 167.26	69 Tm 168.93	70 Yb 173.04	71 Lu 174.97
98 Cf (251)	99 Es (252)	100 Fm (257)	101 Md (258)	102 No (259)	103 Lr (262)

周期

周期（横列）が同じ元素は、同じ数の電子殻をもっています。たとえば第1周期の元素は1、第6周期の元素は6です。

横の列を「周期」とよぶ

縦の列を「族」とよぶ

族

族（縦列）が同じ元素は、いちばん外側の電子殻に入っている電子（最外殻電子）の数が同じです。たとえば1族の元素は1個、8族の元素は8個の最外殻電子をもっています。

ドミトリ・メンデレーエフ

周期表は1869年、ロシアの化学者ドミトリ・メンデレーエフによって提案されました。それまでにも元素を並べた表はいくつかありましたが、メンデレーエフは元素の性質も考慮して並べたので、その表には周期性がありました。また、表には空欄がありましたが、メンデレーエフは空欄に入る未発見の元素の存在と性質を予測しました。その後、予測どおりの元素が次つぎと発見され、メンデレーエフの考えが正しかったことが証明されました。

はじめに

化学反応はどのように起こるか

元素はさまざまな方法で結びつき、1000万種類、ひょっとしたらそれ以上の化合物をつくります。元素について、化学者はその物理的な性質や化学的な性質を調べるだけでなく、ある元素が別の元素と反応して化合物をつくる化学反応の仕組みも研究しています。化学反応は身近なところでもよく起こっています。化学反応が起こると、元の物質は別の物質に変わります。元の物質をかたちづくっていた結びつき（結合）が壊れ、別の組み合わせに結合しなおすからです。

激しい反応

下の写真（1、2、3）はリチウムが空気と反応して、酸化リチウムという化合物をつくっていく様子です。リチウム原子どうしの結合を壊して、空気中の酸素原子と結合させるためにはエネルギーが必要です。このような化学反応を進めるにはエネルギーを外から吸収しなければなりません。逆に熱や光という形でエネルギーを放出する化学反応もあります。

1．リチウム単体のかけら。燃焼用実験台の上で空気にさらされている。

2．リチウムをガスバーナーで熱すると、ほんの数秒で赤くなった。リチウムに熱が加わるとこのような赤色に変わる。

3．一瞬のうちに、リチウムに火がついた。白〜黄色の花のように見える部分が、リチウムと酸素が結びついた化合物、酸化リチウム。

混合物

複数の物質が混ざり合ったものを混合物といいます。混合物に含まれている物質は、ろ過などの物理的方法によって分けることができます。混合物と化合物を混同しないようにしましょう。化合物とは成分（元素）どうしが化学結合によって結びついた物質で、化学反応を起こさない限り成分に分けることはできません。混合物は溶液、コロイド溶液、懸濁液に分類されます。

溶液
ある物質と別の物質が完全に混ざっていて、どの部分を取っても均一な状態（溶解）の液体。海水は溶液。

コロイド溶液
目では見えないくらいの小さな粒子や粒子の集合体が不規則に散らばっている液体。牛乳はコロイド溶液。

懸濁液
ある物質の中に、別の物質の大きな粒子が散らばっている液体。泥水は懸濁液。

1. ナトリウム原子が塩素原子に電子を1個渡す。すると、どちらの原子も最外電子殻に電子が満たされた状態になる。

2. どちらの原子も電気を帯びている。電気を帯びた状態をイオンという。ナトリウムイオンはプラス（＋）の電気、塩素原子はマイナス（－）の電気を帯びている。

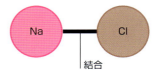

3. ナトリウムと塩素は引きつけあい、結合する。その結果、塩化ナトリウムという化合物ができる。

化合物の生成

化学反応が進むにつれて元素と元素が結びついていきます。元素の結びつき方にはイオン結合と共有結合の2種類があり、たとえば塩化ナトリウムはイオン結合で結びついています。イオン結合では、一方の原子が別の原子に電子を渡します。その結果、どちらの原子も一番外側の電子殻が最大数の電子で満たされるようになります。共有結合の場合は、二つの原子が近づいて、お互いの電子を共有します。その結果、どちらの原子もやはり一番外側の電子殻が最大数の電子で満たされるようになります。

リチウムが空気中で燃えると、酸化リチウムができる。

身のまわりで起きている反応

化学反応は私たちのまわりのいたるところで起きています。料理も呼吸も化学反応です。薬が効くのも化学反応のおかげです。上の写真はさびた鉄の船です。長い時間をかけて鉄の表面が茶色くぼろぼろになりました。水や空気中の酸素が鉄と反応して、酸化鉄という化合物ができたからです。酸化鉄とは、つまり「さび」のことです。

水素をガラス球に詰めて電流を流すと、紫色の光を放つ。

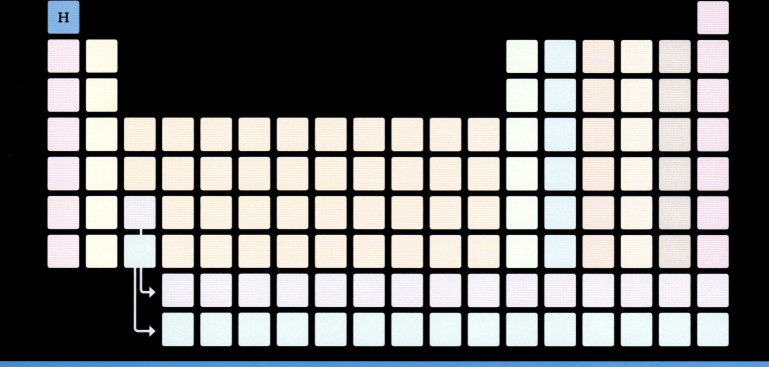

水　素　Hydrogen

周期表で最初に登場する元素は水素（H）です。水素は周期表の左端の列、アルカリ金属グループの上に書かれていますが、性質が違いすぎるため、アルカリ金属とは区別されます。水素は電子1個と陽子1個からなるもっとも単純な原子で、気体として存在します。反応性がとても高く、さまざまな元素と化合物をつくります。

原子の構造
水素原子の原子核は陽子1個でできていて、そのまわりを1個の電子が回っている。

物理的性質
水素ガスは宇宙で一番軽い物質。宇宙空間へ瞬時に拡散し、地球上にはほとんど存在しない。

化学的性質
水素はとても燃えやすい元素。金属元素、非金属元素のどちらとも化合物をつくる。

化合物
水素の化合物としてもっとも身近なものは水。水に溶けると水素イオンをだす化合物は酸とよばれる。

1 H 水素 Hydrogen

状態：気体
⊖ 1　⊕ 1　○ 0　発見：1766年

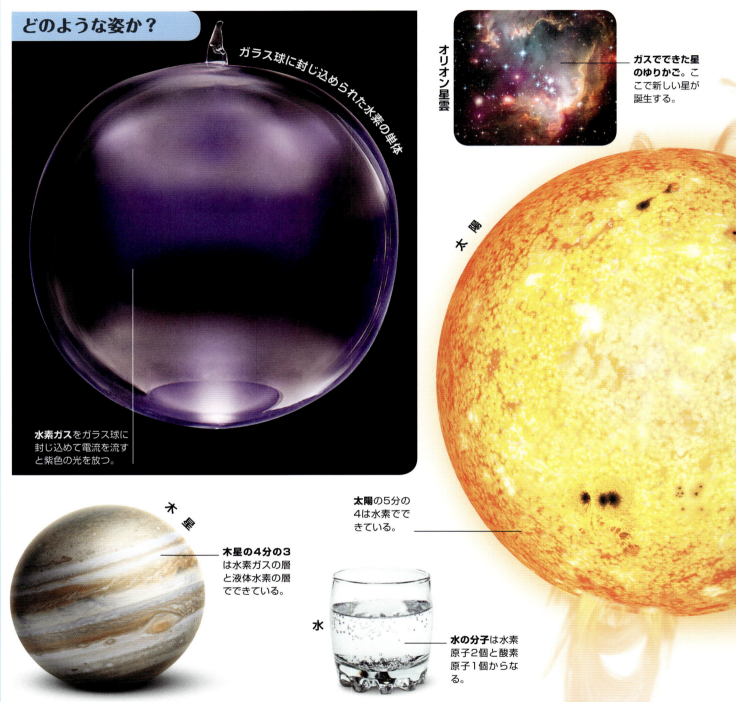

どのような姿か？

ガラス球に封じ込められた水素の単体

水素ガスをガラス球に封じ込めて電流を流すと紫色の光を放つ。

オリオン星雲

ガスでできた星のゆりかご。ここで新しい星が誕生する。

太陽

太陽の5分の4は水素でできている。

木星

木星の4分の3は水素ガスの層と液体水素の層でできている。

水

水の分子は水素原子2個と酸素原子1個からなる。

水素は周期表で最初に登場します。水素は陽子1個と電子1個だけからなる、もっとも単純な原子だからです。**水素の単体**は透明な気体（ガス）です。**木星**などの大きな惑星は、大部分を水素が占め、その他にヘリウムやメタンといったガスの混じる巨大なガスの球です。地球上にある水素の大部分は**水**に含まれます。水素は地球の大気中にはほとんど存在しませんが、宇宙ではもっとも豊富な元素です。**太陽**などの恒星には大量の水素が含まれます。恒星の中心では、水素原子が核融合反応を起こして熱と光を放ちます。

何に使われているか？

この気球は気象観測用のセンサーを搭載している。空高く上がり、気圧、気温、風速を測定する。

水素ガスで膨らませた気球

ロケットの燃料

1. 上のタンクには液体水素（燃料）が入っている。
2. 下のタンクには液体酸素が入っている。液体酸素は水素の燃焼を助ける。
3. ポンプで調節しながら液体水素と液体酸素を燃焼室に送りこむ。
4. 液体水素と液体酸素が燃焼室で混ざりあうと、爆発を起こす。
5. ノズルから高温の排気ガスが噴き出し、ロケットを上に押し進める。

宇宙に打ち上げるロケットの多くは燃料に液体水素を使っています。水素は酸素と反応して超高温の水蒸気をつくり、そのガスがロケットのノズルから噴き出します。噴き出したガスは推進力を生んで、ロケットを上へ押し進めます。

デルタIVロケット

燃料に４万5,460リットルの液体水素を使う**強力なロケット**。

マーガリン

マーガリンは植物油に水素を加えて固めたもの。

過酸化水素

過酸化水素水は消毒剤として使われる。

水素燃料の**排出物は水蒸気**だけ。

水素原子が核融合したことにより、**すさまじい爆発**が起きた。

水素爆弾の爆発

水素を使った燃料電池で走るバスは**燃費がよい**。

水素で走るバス

オリオン星雲などの星雲は水素でできたガス雲です。みずからゆっくり崩壊しながら、その中では新しい星が生まれています。あらゆる気体のなかでもっとも軽いのは水素ガスです。**水素入りの気球**が空気入りの熱気球よりも高く飛ぶのは、水素ガスが空気よりもずっと軽いからです。極低温にした液体水素は**ロケット**燃料に使われます。水素原子を核融合させると膨大なエネルギーが生まれ、この反応を利用した兵器が、**水素爆弾**です。水素は有害物質をださないクリーンエネルギーとして**バス**や自動車でも利用されています。

カリウム（K）は空気に触れると輝きを失う。

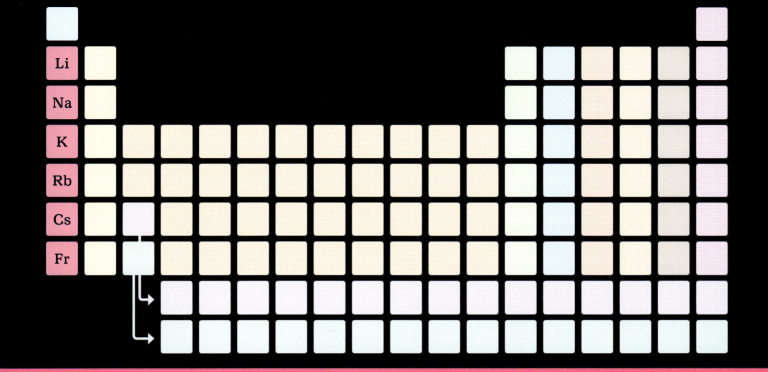

アルカリ金属
Alkali Metals

周期表の左端の列で、水素（H）の下に入る元素をアルカリ金属といいます（水素はアルカリ金属ではありません）。アルカリ金属という名前は、水に触れると激しく反応して、酸と反応する化合物すなわちアルカリをつくることからつけられました。単体のアルカリ金属は天然には存在しません。アルカリ金属の最初の三つの元素はいろいろな鉱物に多く含まれています。残る三つの元素は希少です。

原子の構造
最外電子殻に電子が1個だけ入っている。周期表の同じ周期（横の列）のなかではアルカリ金属の原子が一番大きい。

物理的性質
アルカリ金属は柔らかいのでナイフで切ることができる。汚れを取ると銀色に輝く。

化学的性質
アルカリ金属はとても反応しやすい。最外電子殻の1個しかない電子を他の元素に渡して結合をつくる。

化合物
水と反応して水酸化物という化合物をつくる。ハロゲン元素とも簡単に反応して塩化ナトリウムなどの塩をつくる。

³Li リチウム Lithium

アルカリ金属

状態：固体
発見：1817年

どのような姿か？

- **この水**にはリチウムを含む鉱物がほんのわずかに溶け込んでいる。
- 飲み水
- リチア雲母（レピドライト）
- ヒラタケ
- **ヒラタケ**は土からリチウムを取り込む。
- 薄い色の石英。
- エビ
- **エビ**などの甲殻類は海水からリチウムを取り込む。
- リチウムを含む**紫色の結晶**。
- **リチウムの単体**は金属光沢を示すが空気に触れると輝きを失う。
- 実験室で精錬された棒状のリチウム単体
- 葉長石（ペタル石、ペタライト）
- 灰白色の結晶。

リチウムはすべての金属のなかでもっとも軽く、水に浮きます。**リチウムの単体**はとても反応しやすく、天然では**リチア雲母**や**葉長石**といった鉱物の中にだけ存在します。リチウムを含む鉱物の多くは**水**によく溶け、地球全体の海水に溶け込んでいるリチウムの総量は数百万トンにもなります。リチウムは**キノコ**、**エビ**、ナッツ、種子など多くの食べ物にも含まれます。リチウムを使った製品もたくさんあります。リチウムを添加したガラスは耐熱性に優れ、**反射望遠鏡の主鏡**などの科学機器に使われています。

何に使われているか？

スマートフォンはリチウムで電気を蓄える充電式電池で動く。

スマートフォン

主鏡はリチウムを添加したガラスなので、極端な温度でも歪まない。

ヘール望遠鏡の主鏡

リチウムイオン電池

リチウムイオン電池はさまざまなデジタル装置に使われています。電気エネルギーを蓄えて装置を動かし、消耗すれば何度も充電できます。下の図は使用中のデジタル装置のバッテリーを表しています。充電するときは電気の流れが逆になります。

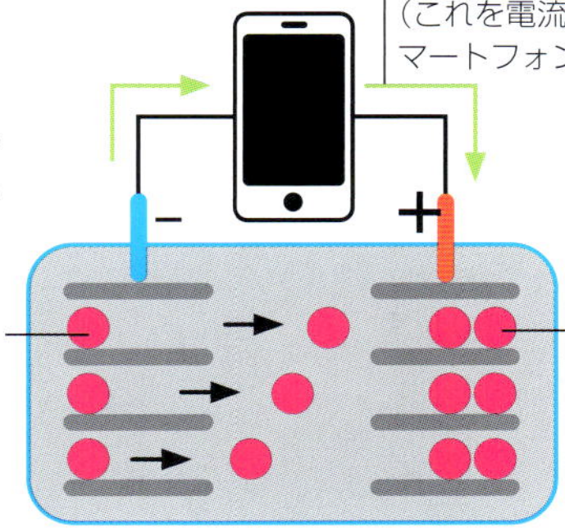

1. 電池の中ではプラス（＋）の電気を帯びるリチウムイオンが負極（－）から正極（＋）へ移動する。

2. 電池のエネルギーが減るにつれて、正極（＋）にはリチウムイオンがたまっていく。

3. イオンが電池の中を移動すると、マイナス（－）の電気を帯びる電子がスマートフォンの中を通り抜ける（これを電流という）。その結果、スマートフォンが作動する。

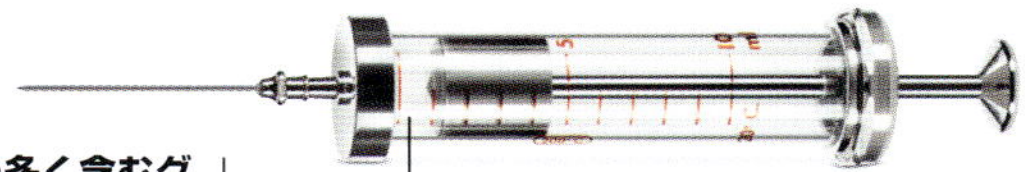

アルカリ金属

リチウムを多く含むグリースをエンジンの可動部分に塗ると、熱くなっても滑らかに動く。

内壁にリチウムを塗った注射器は血液凝固を遅らせる。

注射器

グリース

ニケイ酸リチウムを含む、丈夫な**人工の歯**。

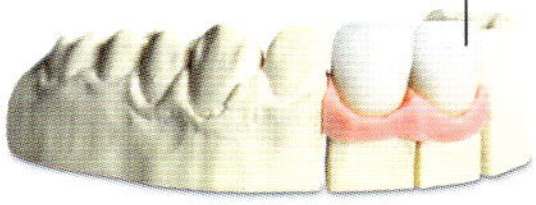

人工の歯

水酸化リチウムを利用して空気をきれいにする。写真はアポロ13号に使われた**空気清浄装置**。

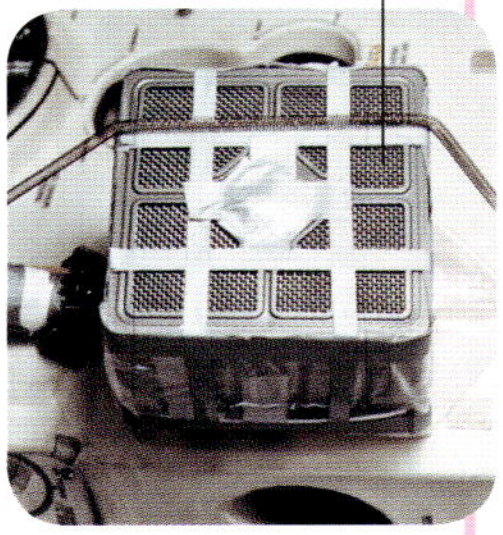

空気清浄装置

この電気自動車はリチウムイオン電池を1回充電すると**64km**は走る。

わずか1時間で電気自動車を充電できる**充電スタンド**。充電技術は日々進歩している。

電気自動車

リチウムのおもな使い道は充電式電池です。リチウムイオン電池は小さいけれども強力なので、**スマートフォン**やノート型パソコンに適しています。大きなリチウム電池になると**電気自動車**も動かすことができ、ガソリンほど空気を汚しません。ステアリン酸リチウムとよばれる金属石鹸を成分とする**グリース**（潤滑剤）は自動車の滑らかな走りを助けます。リチウムにはセラミックを硬くする働きもあり、丈夫な**人工歯**の原料としても利用されます。リチウム化合物を配合した薬もあります。

11 Na ナトリウム Sodium

アルカリ金属

状態：固体
発見：1807年

どのような姿か？

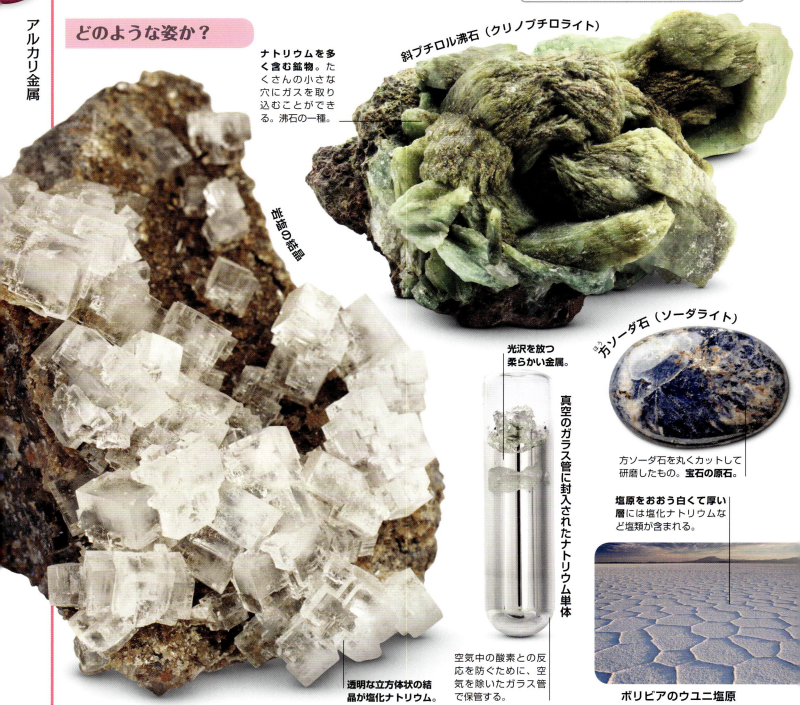

斜プチロル沸石（クリノプチロライト）
ナトリウムを多く含む鉱物。たくさんの小さな穴にガスを取り込むことができる。沸石の一種。

岩塩の結晶

透明な立方体状の結晶が塩化ナトリウム。

光沢を放つ柔らかい金属。

真空のガラス管に封入されたナトリウム単体
空気中の酸素との反応を防ぐために、空気を除いたガラス管で保管する。

方ソーダ石（ソーダライト）
方ソーダ石を丸くカットして研磨したもの。宝石の原石。

塩原をおおう白くて厚い層には塩化ナトリウムなど塩類が含まれる。

ボリビアのウユニ塩原

日常生活で使う塩（しお、食塩）にはたくさんのナトリウムが含まれています。ナトリウムは地球上に豊富にありますが、単体では存在せず、他の元素と化合物をつくっています。もっともよく見かけるナトリウム化合物は塩素と結合した塩化ナトリウムです。塩化ナトリウムは岩塩という鉱物としても存在しています。海水が塩辛いのは塩化ナトリウムが溶けているからです。方ソーダ石という鉱物もナトリウムを含みます。方ソーダ石は青くて柔らかく、カットして磨くこともできます。ナトリウムの単体はナイフで切れるくらい柔らかく、空気中の

何に使われているか？

食卓塩には岩塩を精製したものが多い。

食卓塩

ミイラ

ミイラはナトリウム化合物を利用して保存される。

ナトリウムの花火

花火の明るい黄色の光はナトリウム化合物が燃える色。

インディゴ顔料（ジーンズによく使われる）はナトリウムを含む。

インディゴ顔料の粉末

古代エジプトでは**猫は神聖**な生き物だったので、死後はミイラにした。

道路にまいて氷や霜がつくのを防ぐ。

ミイラのつくり方

古代エジプト人は死後の世界を信じていたので、亡くなった後も体を保存しました。人が亡くなると、まず遺体を洗い、臓器を取りだしてから乾燥させます。このとき、乾燥剤として使うのがナトリウム化合物の結晶です。最後に体を布で巻けばミイラができあがります。

1. 胃や肺などの臓器を遺体から取りだす。
2. ナトリウム化合物で遺体をおおい、乾燥させる。
3. 遺体を布で巻きミイラにする。

発光管に電流を流すとナトリウムガスがオレンジ色に輝く。

ナトリウム灯

固形石鹸（せっけん）

石鹸には水酸化ナトリウムを含むものもある。

重曹

匂いのない白色の粉。

凍結防止剤

アルカリ金属

酸素と反応して酸化ナトリウムをつくります。また、水に触れると一瞬で燃えあがります。**花火**の黄色やオレンジ色はナトリウム化合物が燃えるときの炎の色です。古代エジプトではナトリウム化合物の結晶を利用して**ミイラ**を乾燥させました。お菓子の生地に重炭酸ナトリウム（**重曹**（じゅうそう））を入れると二酸化炭素のガスが出て、生地が膨らみます。塩化ナトリウム（**食塩**）の用途は多様です。食塩には**氷を解かす**作用と水が凍るのを防ぐ作用があることから、融雪剤や凍結防止剤として道路にまきます。いうまでもなく食塩は料理に欠かせない調味料です。

27

塩田

ペルーのアンデス高地にある小さな町、マラス近郊の山の斜面には、数えきれないほどの人工池がひしめきあっています。池には近くの山から流れてくる、塩を含む水を溜めています。太陽に照らされて水が蒸発すると塩の厚い層が残り、これをかき集めて収穫します。マラスの人びとは500年も前からこのような方法で塩をつくってきました。

マラスの池に引いている水に溶けている塩は、元をたどれば地下深くに埋もれている岩石の一部です。このように水分を蒸発させて塩を収穫する方法は、海水などの塩水から塩をつくるときにも用いられます。現在、世界で生産される塩のほとんどは地下の塩鉱床から採掘されています。塩鉱床は、古代の海が干上がってできた塩の厚い層が、何百万年という時間をかけて地下に閉じ込められたものです。塩鉱床から塩を採るには、この「岩塩」を掘削機で掘り起こす方法と、地下に温水を注いで塩を溶かして塩水にし、それを地表までくみあげてから水分を蒸発させる方法があります。

19 K カリウム Potassium

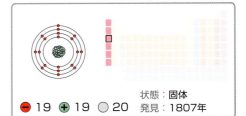

● 19 ⊕ 19 ○ 20　状態：固体　発見：1807年

アルカリ金属

どのような姿か？

塩化カリウムを多く含む**鉱石**。

空気中の酸素との反応を防ぐために、空気を除いたガラス管で保管する。

真空のガラス管に封入されたカリウム単体

不純物を含むため**黄色や緑色**を示す。

光沢のある柔らかい固体。

カリ岩塩は塩化カリウムを含むので、なめると塩辛い。

カリ鉱石

カリ岩塩

カリウムは植物の燃えかすから発見されました。 見つけたのはハンフリー・デービィ男爵。**草木灰**（植物を壺＜pot＞で燃やしてできた灰＜ash＞）の水に溶ける成分を使って実験をしていたときに発見したことから、英語名は potassium とつけられました。元素記号の「K」はラテン語で「灰」を意味する kalium に由来します。カリウムは天然に単体では存在せず、**アフチタル石**（硫酸カリ鉱）や**カリ岩塩**などの鉱物に含まれています。カリウムは体内で筋肉や神経を正常に機能させる働きをもつ、人間にとってなくてはならない元素です。

何に使われているか？

リブリーザー

リブリーザーとは、簡単には浮上できない場所にもぐるときに使う酸素ボンベのことです。普通の酸素ボンベに比べて長い時間もぐることができます。

1. 二酸化炭素を含む呼気がリブリーザーに入る。
2. 二酸化炭素が筒に流れ込み、超酸化カリウムと反応する。
3. 筒の内部で酸素が発生する。
4. 筒から酸素が流れだす。
5. ダイバーはこの酸素を吸う。

マウスピース

アフチタル石（硫酸カリ鉱）

炭酸水
血圧を下げる働きがある塩化カリウムを含む塩。

カリウム塩

風味を整えるためにカリウム化合物を加えた炭酸水。

水分を補給するための点滴液にはカリウムも含まれる。

点滴液

バナナ
アボカド
サツマイモ
カリウムを多く含む食品

火薬
硝酸カリウムの粉末をはじめ数種類の物質を混ぜ合わせた火薬。

リブリーザー
筒には超酸化カリウムが入っている。

液体石鹸には洗浄成分として水酸化カリウムが含まれる。

ハンドソープ

カリウムを多く含む肥料は土壌に吸収されやすく、植物の成長を促す。

肥料

強化ガラス
硝酸カリウムを添加して割れにくくしたガラス画面。

アルカリ金属

このため私たちは**カリウムを多く含む食品**（バナナ、根菜、アボカドなど）からカリウムを取り込んでいます。塩化カリウムをほんの少量だけ食品に加えると風味が増すので、**炭酸水**に入れることもあります。健康上の理由から塩化ナトリウム（食塩）の摂取を控えなければならないときは、代わりに塩化カリウムを使います。塩化カリウムは病人に投与する**点滴用生理食塩水**の重要な成分です。カリウムと酸素と窒素の化合物である硝酸カリウムは、**火薬**や、携帯電話の**強化ガラス**に用いられています。

37 Rb ルビジウム Rubidium

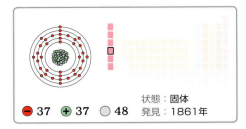

状態：固体
発見：1861年
⊖ 37 ⊕ 37 ◯ 48

アルカリ金属

どのような姿か？

真空のガラス管に封入されたルビジウム単体

ろうのような光沢のある淡い色の鉱物。

白榴石（リューサイト）
はくりゅうせき

リチア雲母はルビジウムを3.5%含む柔らかい鉱物。

リチア雲母（レピドライト）

ポルックス石（ポルサイト）

白榴石に含まれるルビジウムはわずか**1%**。

発火を防ぐため、空気中の**酸素と反応しない**ようガラス管に密封されている。

ポルックス石はセシウムとルビジウムを含む。

ルビジウムという名前は、ラテン語で「一番深い赤色」を意味する *rubidius* からつけられました。燃やすと赤色の炎を出すからです。ルビジウムはとても反応しやすく、空気に触れるとすぐに燃えてしまいます。水に触れると激しく反応して、水素ガスと大量の熱を放ちます。

ルビジウムをとりわけ多く含む鉱物はありませんが、**白榴石**や**ポルックス石**などいろいろな鉱物に少量ずつ含まれています。ルビジウムはおもに**リチア雲母**から取りだされます。ルビジウム微斜長石（ルビクリン）という鉱物はわりと豊富にルビジウムを含みますが、鉱物そのも

何に使われているか？

レンズにルビジウムを含むので、暗がりでも物がよく見える。

暗視スコープ

ルビジウム-ストロンチウム年代測定

天然に存在するルビジウムの約4分の1は放射性同位体です。ルビジウムの放射性同位体は長い時間をかけて崩壊し、ストロンチウムに変わります。したがって岩石に含まれるそれぞれの元素の量を比べると、岩石のできた年代がわかります。古い岩石ほどルビジウムが少なく、ストロンチウムが多くなります。

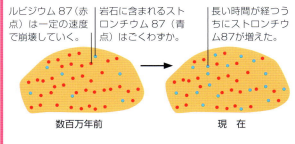

| ルビジウム87（赤点）は一定の速度で崩壊していく。 | 岩石に含まれるストロンチウム87（青点）はごくわずか。 | 長い時間が経つうちにストロンチウム87が増えた。 |

数百万年前　　現　在

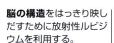

光電子増倍管

脳の構造をはっきり映しだすために放射性ルビジウムを利用する。

ルビジウム化合物を利用して光を検出するセンサー装置。

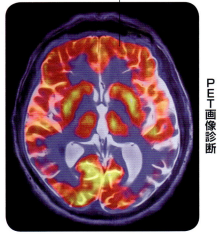

PET画像診断

電線と鉄塔の間にはルビジウムを多く含む絶縁体が取りつけられる。

花火

窒素とルビジウムの化合物を燃やすと紫色に輝く。

セラミックの絶縁体（がい子）

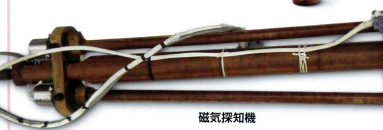

磁気探知機

20世紀のはじめ、磁場の強さを測る磁気探知機にルビジウムが使われていた。

のがあまり存在しません。ルビジウム原子は光に対して敏感なため、光電池（光のエネルギーを電気に変える装置）や暗視装置（暗い場所でものを見るための装置）に使われます。ルビジウムには放射性同位体があり、岩石の年代測定に利用されます。また、放射性ルビジウムをがん患者の体に注射すると血流に運ばれて腫瘍に集まるので、その様子をPET（ポジトロン放出断層撮影）で撮影すれば病巣をはっきり観察できます。ルビジウムは**光電子増倍管**（光を検出するセンサー装置）、高圧線の**絶縁体**、特殊なガラスにも使われています。

アルカリ金属

55 Cs セシウム Caesium

● 55 ⊕ 55 ○ 78
状態：固体
発見：1860年

アルカリ金属

どのような姿か？

ポルックス石の結晶は宝石になる。

ポルックス石

光沢のある薄い金色。

真空のガラス管に封入されたセシウム単体

密封されたガラス管。

キルヒホフとブンゼン

セシウムは1860年に発見されました。発見者はドイツの科学者、ロベルト・ブンゼンとグスタフ・キルヒホフ。二人が鉱水（無機塩類を含む水）をバーナーで燃やしたところ、炎がいくつかの色に分かれました。そのうちの一色、薄い青色の炎を出したのがセシウムでした。

グスタフ・キルヒホフ（左）とロベルト・ブンゼン（右）

何に使われているか？

とても精度の高い時計。別名は**セシウム原子時計**。

原子時計

油井（ゆせい）では、**密度の高いセシウム化合物**を配合した掘削流体を穴に流し込み、有毒ガスが地表にあがってくるのを防ぐ。

掘削流体

地球上でもっとも反応しやすい金属はセシウムです。セシウムが空気や水に触れると、爆発して炎を上げます。したがってセシウムの単体は、空気をすべて取り除いた真空ガラス管に密封して保管されます。セシウムはとても希少な元素で、おもにポルックス石から取りだされます。セシウムという名前には「空の青色」という意味があります。燃やすと青紫色の炎を上げるからです。セシウムを使った**原子時計**は10億分の1秒単位で時間を計れます。1000万年たっても誤差が1秒にもならないとても正確な時計です。

87 Fr フランシウム Francium

状態：固体
● 87　⊕ 87　○ 136　発見：1939年

トール石

トール石は1828年にノルウェーで発見された。

マルグリット・ペレー

フランシウムは1939年、フランスの化学者マルグリット・ペレーによって発見されました。放射性金属であるアクチニウムの崩壊を研究していたペレーは、アクチニウムがトリウムと未知の元素に変わることを見つけ、この未知の元素に、母国フランスにちなんで「フランシウム」と名前をつけました。

色の濃い鉱石。ウランの他にフランシウムも少量含む。

地殻にはウラン原子10^{18}個につき **1個** のフランシウム原子が含まれる。

閃ウラン鉱

アルカリ金属

フランシウムは天然でもっとも量の少ない元素のひとつです。地球上の岩石に含まれるフランシウムは、全部あわせても30gほどしかありません。フランシウム原子は他の放射性元素が崩壊するときに生成します。**トール石**や**閃ウラン鉱**などの放射性鉱石から取りだすこともできますが、どちらの鉱石もほんのわずかしかフランシウムを含んでいません。これまでもっとも大量につくられたフランシウムは原子30万個からなる塊で、それもわずか数日で崩壊しました。現在のところ、フランシウムは研究以外では使われていません。

バリウム（Ba）の結晶は空気に触れると黒く変色する。

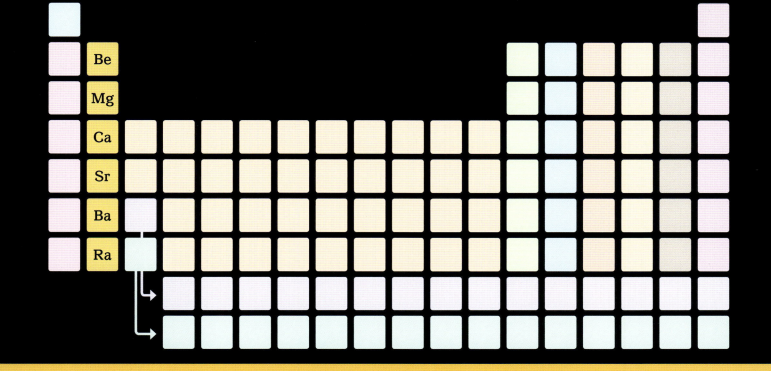

アルカリ土類金属
Alkaline Earth Metals

アルカリ土類金属に含まれる元素は、地殻中の鉱物から化合物として発見された、反応性の高い金属元素です（BeとMgは性質が違うためにアルカリ土類金属に含めないこともあります）。このような元素を含む鉱物は、発見当時は「土（非金属質で水に溶けず燃えない物質）」に分類されており、ほとんどがアルカリ性を示したことから、「アルカリ土類」という名前がつけられました。どのアルカリ土類金属も、金属単体として取りだされたのは19世紀以降のことです。

原子の構造
最外電子殻には電子が2個入っている。ラジウム（Ra）が最も強い放射能をもつ。

物理的性質
アルカリ土類金属元素は柔らかく、光沢がある。室温では固体。

化学的性質
アルカリ金属元素と似ているが、それほど激しく反応しない。ベリリウム（Be）以外はすべて高温の水や水蒸気と反応する。

化合物
最外電子殻の電子を失い、非金属元素と結合して化合物をつくる。歯や骨にはアルカリ土類金属元素の化合物が含まれる。

⁴Be ベリリウム Beryllium

アルカリ土類金属

状態：固体
発見：1798年

どのような姿か？

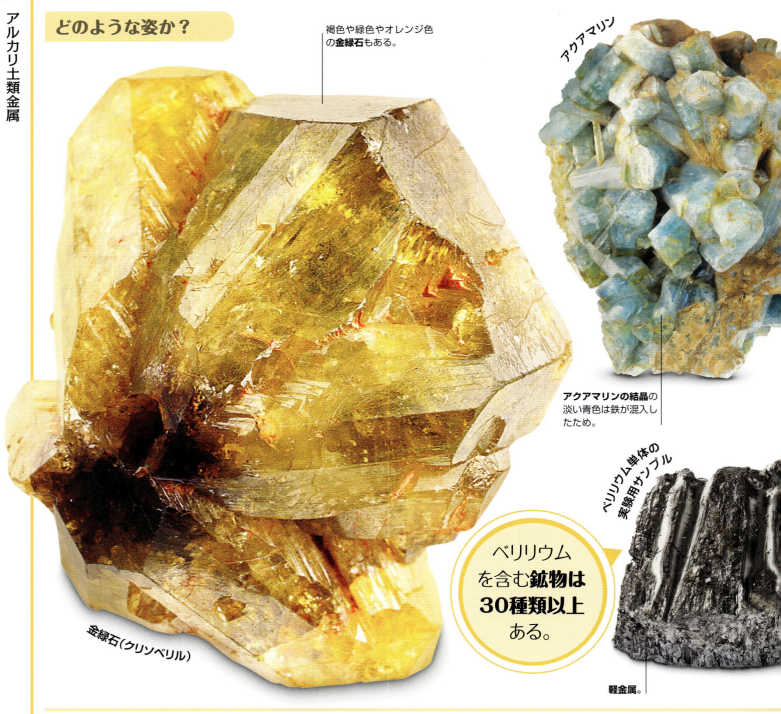

褐色や緑色やオレンジ色の**金緑石**もある。

金緑石（クリソベリル）

アクアマリン

アクアマリンの結晶の淡い青色は鉄が混入したため。

ベリリウム単体の実験用サンプル

ベリリウムを含む**鉱物**は**30種類以上**ある。

軽金属。

ベリリウムという名前は、ギリシャ語の beryllos（緑柱石）からつけられました。ベリリウムはアルカリ土類金属のなかでもっとも軽く、たとえば水と反応しない、ずば抜けて硬いといった性質は他のアルカリ土類金属とは異なります。ベリリウムを含むおもな鉱物は**金緑石**と緑柱石です。**アクアマリン**やエメラルドなどの宝石は緑柱石の一種です。ベリリウムはさまざまな用途に使われています。軍用**ヘリコプター**では、夜間や霧の中を安全に飛ぶための光センサーを保護する窓にベリリウムを多く含むガラスが使われています。

何に使われているか？

軍用ヘリコプター アパッチ
ベリリウム合金製の窓。

ルイ=ニコラス・ヴォークラン

ベリリウムは、フランスの化学者ルイ=ニコラス・ヴォークランによって1798年に発見されました。ヴォークランは緑柱石という鉱物の緑色の変種エメラルドからベリリウム化合物を取りだしました。また、エメラルドの緑色を生みだす元素クロムもエメラルドの中から発見しました。

火災用スプリンクラー

シーリングプレート（天井取りつけ部品）がベリリウムとニッケルの合金でできている。とても頑丈なので高圧で噴き出す水をもらさない。

ベリリウム製の分割鏡は冷たい宇宙空間でも縮まない。

ベリリウム製のパイプで陽子線を加速器まで輸送する。

ジェイムズ・ウェッブ望遠鏡

スイスのCERN（欧州合同原子核研究機構）にあるATLAS（大型ハドロン衝突型加速器）

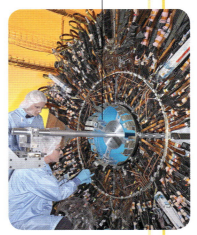

ベリリウムを含むセンサーが働き、エアバッグが作動する。

エアバッグ

ガスレーザー

このアルゴンガスレーザーの放熱器はレーザーから素早く熱を奪う酸化ベリリウムでできている。

また、ベリリウム製の物体は変形しにくく、温度が変化してもほとんど伸び縮みしません。この特性は、**火災用スプリンクラー**や、車の**エアバッグ**を作動させるセンサーで生かされています。2021年に打ち上げることになっているNASAの**ジェイムズ・ウェッブ望遠鏡**は、軽くて丈夫なベリリウム製の主鏡を搭載する予定です。酸化ベリリウムはセラミックの原料となり、**レーザー**や**マイクロ波発振器**に利用されます。ベリリウムと銅の合金は、ばねの材料になります。

アルカリ土類金属

12 Mg マグネシウム Magnesium

アルカリ土類金属

状態：固体
発見：1755年
● 12　⊕ 12　○ 12

どのような姿か？

マグネシウムに富む緑色の鉱物、蛇紋石は地中深くでつくられる。

蛇紋石（サーペンティン）

羽根のような形をしている。

透閃石（トレモライト）

銀白色に輝く結晶。

マグネシウム単体の実験用サンプル

マグネシウムには同位体が**22種類**もある。

苦灰石（ドロマイト）

炭酸マグネシウムは、天然では鉱物として存在する。

マグネシウムという名前は、ギリシャの地名マグネシアからつけられました。マグネシウムは地球の奥深く、マントルの中に大量に存在していますが、海水や、地殻にある**蛇紋石**などの鉱物にも含まれています。**苦灰石**という鉱物からも**純粋なマグネシウム**を取りだすことができます。マグネシウムには重要な用途がたくさんあります。マグネシウムの合金は強いうえに軽いので、**自動車のホイール**から**カメラ**まで広く使われています。天然に産出するマグネシウムを含む鉱物のなかには、昔から薬として利用されてきたものもあります。

炭酸マグネシウムやマグネシア（酸化マグネシウム）は胃の酸と反応して消化不良を和らげます。炭酸マグネシウムを熱すると、セメントの成分である酸化マグネシウムができます。マグネシウム化合物は燃えると白い光を放つので、花火にも使われます。マグネシウムを含む塩、エプソムソルトには筋肉をリラックスさせる作用があります。「エプソム」というのは、この塩が最初に掘りだされたイギリスの地名です。ケイ酸マグネシウムを主成分とする滑石（タルク）はベビーパウダーなどに使われる、柔らかい鉱物です。

20 Ca カルシウム Calcium

状態：固体
発見：1808年

アルカリ土類金属

どのような姿か？

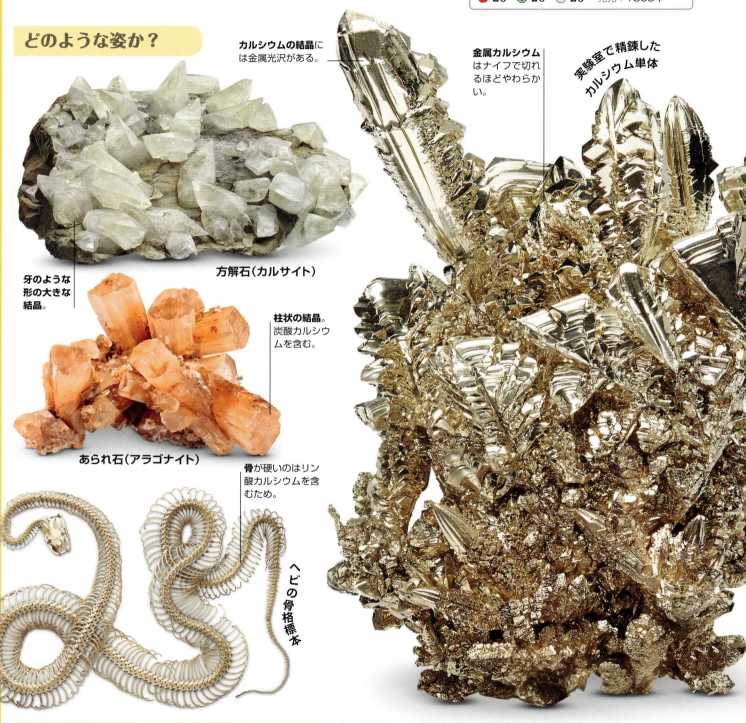

- カルシウムの結晶には金属光沢がある。
- 方解石（カルサイト）
- 牙のような形の大きな結晶。
- あられ石（アラゴナイト）
- 柱状の結晶。炭酸カルシウムを含む。
- 骨が硬いのはリン酸カルシウムを含むため。
- ヘビの骨格標本
- 金属カルシウムはナイフで切れるほどやわらかい。
- 実験室で精錬したカルシウム単体

人体にもっとも多く含まれる金属は**カルシウム**です。**カルシウムは地球上では5番目に多い金属**で、さまざまな鉱物の中に存在しています。**方解石**と**あられ石**はカルシウムと炭素の化合物（炭酸カルシウム）からなる鉱物です。動物の**骨**の主成分はリン酸カルシウムです。また、ある種の動物の体をおおう硬い層、たとえば巻貝の**殻**などは炭酸カルシウムでできています。人間にとってカルシウムは重要な栄養素です。**カルシウムを多く含む食品**には、乳製品、緑色野菜、ナッツなどがあります。

オレンジもカルシウムを多く含みますが、オレンジジュースにはたいていカルシウムがさらに添加されています。消化不良を抑える**制酸薬**には、胃で酸と反応する炭酸カルシウムが配合されています。カルシウム化合物は建築資材にもよく使われます。住宅の壁に貼る石こうボード、**チョーク**や**焼き石こう**は、石こう（ジプサム）という鉱物からつくられます。酸化カルシウムはセメントの重要な成分で、コンクリートを硬くする働きがあります。

極彩色の泉

アメリカ合衆国ネバダ州ブラックロック砂漠にあるフライガイザーは、炭酸カルシウムの岩でできた色鮮やかな小さな山です。このような岩山と水たまりは、カルシウムを多く含む熱水が地下から噴き出る場所でよく見られます。岩の表面の鮮やかな色は、水中に生息する藻類や細菌がつくりだしたものです。

実はフライガイザーは、いわゆる"大自然の造形美"ではありません。1964年、熱水源を求めて掘られた井戸がきっかけとなり、偶然にできた地形なのです。当時、地下深くの火山性活動によって温められた、小さな熱水だまりをいったんは掘り当てたのですが、掘削技師がたまたまそこを放置して、他も探すことにしたそうです。すると、放置された場所からいつしか熱水が勢いよく噴き出すようになりました。そうして数十年が経つうちにカルシウムの沈殿物が少しずつ積もり、高さ1.5m、幅約4mのちょっとした小山をつくりました。現在でも、火傷をするほどの熱水が山の頂上から1.5mの高さまで噴き上がっています。

38 Sr ストロンチウム Strontium

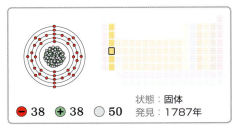

状態：固体
● 38　● 38　○ 50
発見：1787年

アルカリ土類金属

どのような姿か？

ストロンチアン石

本来は**銀白色**だが、空気に触れると次第に黄色くなる。

やわらかくて、もろい結晶。

実験室で精錬したストロンチウム単体

天青石（セレスタイン）

海には**天青石**でできたとげをもつ微生物がいる。

ストロンチウムを含む塗料は明るい場所で光を吸収し、**暗く**なると光を放つ。

ストロンチウムは、スコットランドのストロンチアン村付近で採れた鉱物から発見されました。スコットランドの化学者トーマス・チャールズ・ホープがこの未知の鉱物を調べたところ、燃やすと明るい赤い炎をあげる新しい元素を含んでいました。この鉱物には、1791年に**ストロンチアン石**という名前がつけられました。ストロンチアン石は現在ではストロンチウムの主要な鉱石です。**ストロンチウムの単体**を最初に取りだしたのは、イギリスの化学者ハンフリー・デービィです。デービィは1808年に、電気分解反応を利用してストロンチアン

何に使われているか？

釉薬のかかった陶磁器

酸化ストロンチウムによって**なめらかに仕上がる**。

無人のブイではストロンチウムを電源にして明かりを灯す。

海上の点灯ブイ

ストロンチウムが燃えると明るい赤色の炎があがる。

発煙筒

スピーカー

スピーカー内部の磁石にはストロンチウムが含まれている。

ストロンチウム化合物が痛みを抑える。

知覚過敏症用の歯みがき粉

無人のレーダー基地ではストロンチウムの同位体ストロンチウム90を利用して電気を得ている。

気象レーダー基地

発電のしくみ

ストロンチウムの同位体である放射性ストロンチウムを使って電気をつくることができます。宇宙船で利用されている放射性同位体熱電気転換器（RTG）は放射性同位体のだす熱を電気に換える装置です。

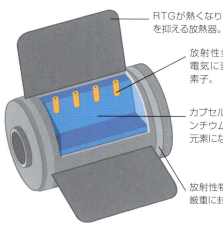

- RTGが熱くなりすぎるのを抑える放熱器。
- 放射性金属がだす熱を電気に変える熱電変換素子。
- カプセルの中で、放射性ストロンチウム原子が崩壊して軽い元素になり、熱をだす。
- 放射性物質が漏れないよう厳重に封印される。

石からストロンチウムを単離しました。かつてストロンチウムはテレビ画面の原料でしたが、今ではほとんど使われません。陶磁器など**焼き物**の釉薬に含まれる酸化ストロンチウムには、色をはっきりさせる作用があります。**発煙筒**や花火の赤い色は炭酸ストロンチウムの炎の色です。酸化鉄にストロンチウムを加えて磁力を増した磁石が**スピーカー**や電子レンジに使われています。塩化ストロンチウムを配合した**歯みがき粉**もあります。電線も燃料も届かない遠隔地の**レーダー基地**では放射性ストロンチウムを電源に利用しています（囲み記事参照）。

56 Ba バリウム Barium

状態：固体
発見：1808年
● 56　⊕ 56　○ 81

アルカリ土類金属

どのような姿か？

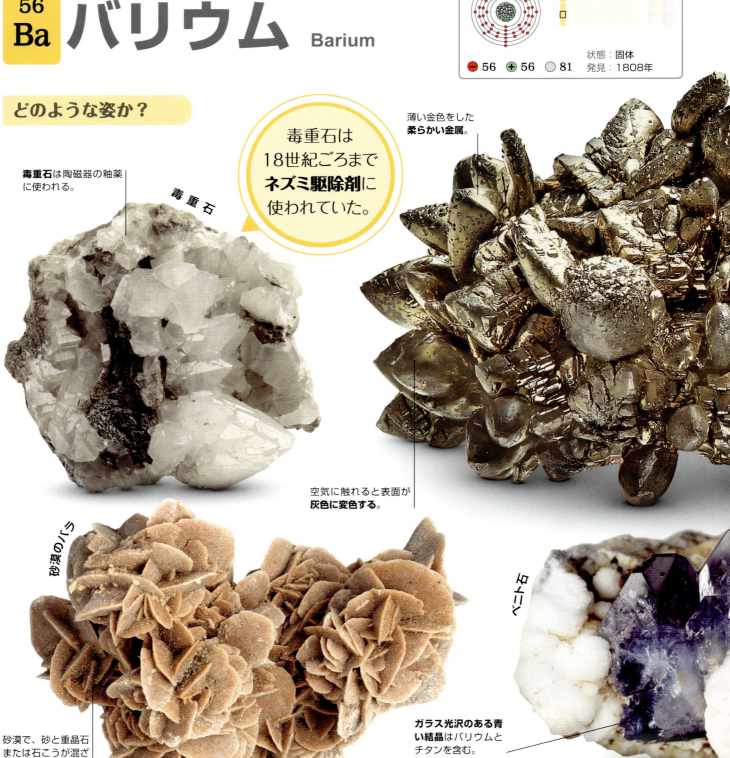

毒重石は18世紀ごろまで**ネズミ駆除剤**に使われていた。

毒重石は陶磁器の釉薬に使われる。

毒重石

薄い金色をした**柔らかい金属**。

空気に触れると表面が**灰色に変色する**。

砂漠のバラ

砂漠で、砂と重晶石または石こうが混ざってできる**花びらの形の結晶**。

ベニト石

ガラス光沢のある青い結晶はバリウムとチタンを含む。

バリウムという名前はギリシャ語で「重い」を意味するbarysからつけられました。バリウムそのものや、バリウムを含む鉱物が高密度で重かったためです。バリウムは、天然には単体で存在しません。1808年、イギリスの化学者ハンフリー・デービィが、**重晶石**を加熱して得た酸化バリウムから電気分解法によって**バリウム**をはじめて取りだしました。バリウムのおもな鉱石は重晶石です。重晶石は、熱水と接触する堆積鉱床や砂漠でできる、バリウムの硫酸塩鉱物を主成分とする鉱物です。**毒重石**や、産出量は少ないものの**ベニト石**もバリウムを含

何に使われているか？

バリウム溶液

消化管の病気を調べる検査では硫酸バリウムを利用します。検査のはじめにバリウム溶液を飲み、調べたい消化管の内部を硫酸バリウムでおおいます。

1. バリウム溶液を飲み込む。
2. バリウム溶液が胃に入る。
3. エックス線を照射すると、硫酸バリウムで内部がおおわれた胃の様子がはっきり写る。

点火プラグ
バリウムとニッケルの合金を使った**点火プラグ**。

ガラス
酸化バリウムと炭酸バリウムを加えると**ガラス**の輝きが増す。

バリウム単体の実験用標本

バリウムを多く含む粘土でつくられた**ティーポット**。

ジャスパーウェアのティーポット

金属片に含まれるバリウムが管の中のガスを吸着して真空を保つ。

真空管

硫酸バリウムで内部がおおわれた**大腸**。

レントゲン写真

アルカリ土類金属

みます。バリウムを使った**点火プラグ**は強力な火花を発します。**ガラス**にバリウムを加えると輝きが増します。**ティーポット**や花瓶といった焼き物用の粘土にバリウム化合物を加えることもあります。油井ではバリウム化合物を掘削流体に加え、密度を高めます。医療分野でもバリウムの密度の高さを利用しています。消化管の**レントゲン**写真を撮る前に硫酸バリウムの溶液を飲むと、消化管の内部が高密度になりエックス線をよく吸収するので、詳しく写しだすことができます。

49

88 Ra ラジウム Radium

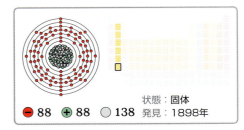

● 88　＋ 88　○ 138　状態：固体　発見：1898年

どのような姿か？

塊状の閃ウラン鉱

閃ウラン鉱 1,000 kgに含まれるラジウムはわずか 0.7 g。

この時計に使われているラジウムは**100年**経っても4％しか崩壊しない。

アルカリ土類金属

ラジウムはアルカリ土類金属のなかで唯一の放射能をもつ元素です。またアルカリ土類金属のなかでもっとも希少な元素でもあります。ラジウムよりも多く存在する元素（ウラン U、トリウム Th）が崩壊したときに、ほんの少しラジウムが生まれます。ラジウム原子の存在する時間は短く、たいていすぐに崩壊して放射性の貴ガス原子ラドン Rn になります。ラジウムはとても危険な元素なので、現在ではほとんど使われません。ところが、20世紀のはじめはラジウム入りの製品がたくさん出回っていました。暗闇で光る夜光塗料の原料もその

何に使われているか？

ピエール・キュリーとマリー・キュリー

ラジウムは、1898年にマリー・キュリーとピエール・キュリーによって発見されました。二人は、ウラン鉱石のだす放射線量が、鉱石に含まれるウランの量から予測される値よりも高いことに気づきました。そして放射能をもつ別の金属の存在を突きとめ、ラジウムと命名しました。

ラジウム入り塗料を塗った数字が暗闇で青緑色に光る。

文字盤が暗闇で光る懐中時計

小瓶には塩化ラジウムの溶液が入っている。

ラジウム療法用の小瓶

20世紀初頭、ラジウムを飲むと健康になると考えられていたころの、ラジウムを水に混ぜる**器具**。

ラジウム・エマネーター

化粧品

ラジウム入りの**化粧クリーム**は1920年代には珍しくなかった。

ラジウム入りの**白粉**は肌によいとされていた。

アルカリ土類金属

ひとつ。当時、**時計の文字盤**にラジウム入り夜光塗料を塗っていた作業員の多くが体調を崩したり、がんを発症したりしていました。ラジウムのだす放射線が作業員のDNAを傷つけていたのです。しかし1940年代まで、むしろラジウムの放射線は健康を増進するもので、害を及ぼすとは考えられていませんでした。活力増強を期待して、**ラジウム化合物入りの液体**を注射する人や、肌を整えるためにラジウム入りのクリームや**化粧品**を顔に塗る人もいましたが、実際にはまったく逆の結果を招くことになりました。

おもしろい形の
コバルト（Co）。

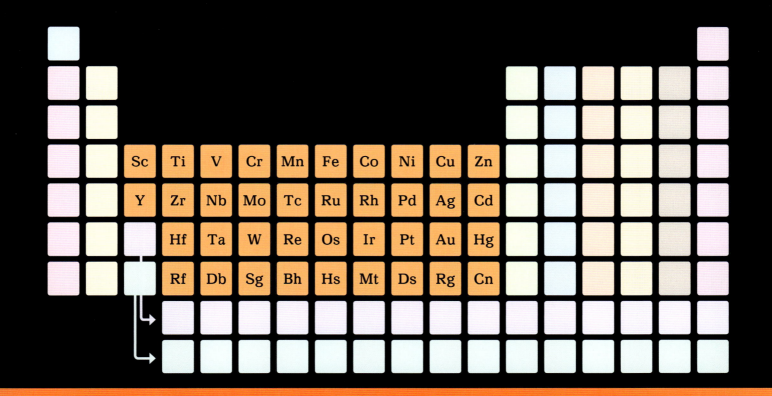

遷移金属　Transition Metals

周期表のなかで、遷移金属はもっとも多くの元素を含むグループです。そのなかには金（Au）、鉄（Fe）、銅（Cu）といったとても役に立つ元素も含まれています。遷移金属の多くは、成形しやすいという特徴をもちます。そして遷移金属の一番下の周期（横の列）にある元素〔ラザホージウム（Rf）からコペルシニウム（Cn）まで〕は天然に存在しない、科学者が実験室でつくりだした人工の元素です。

原子の構造
ほとんどの遷移金属では最外殻に2個の電子が入っているが、銅（Cu）など1個だけの元素もある。

物理的性質
遷移金属は一般に硬くて密度が高い。室温で液体の唯一の金属、水銀（Hg）も遷移金属の仲間。

化学的性質
アルカリ金属やアルカリ土類金属ほど反応性は高くない。熱や電気をよく伝える。

化合物
遷移金属の化合物は鮮やかな色を示すことが多い。真鍮や鋼鉄など、合金としてよく利用される。

21 Sc スカンジウム Scandium

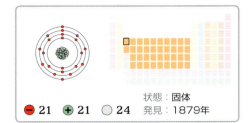

● 21 ● 21 ○ 24　状態：固体　発見：1879年

遷移金属

どのような姿か？

触るとつるつるしている。

ガドリン石（ガドリナイト）

ユークセン石（ユークセナイト）

ユークセン石の結晶はスカンジウムをほんのわずかに含む。

スカンジウム単体は空気に触れると銀色から黄色に変わる。

スカンジウム単体の実験用サンプル

何に使われているか？

ハンドル部は軽量の合金でできていてたわまない。

ラクロスのスティック

発光管に封入したヨウ化スカンジウムガスが青みがかった明るい光を放つ。

メタルハライドランプ

ミグ29戦闘機

機体がスカンジウム合金でできているジェット戦闘機。

スカンジウムは柔らかくて軽い金属で、アルミニウムと似ています。スカンジウムを含む岩石は地球上に広く存在しますが、特定の鉱物に濃縮されていないため、大量に集めるのは困難です。スカンジウムは限られた用途にしか使われません。おもな鉱石は**ガドリン石**と**ユークセン石**で、これらの鉱物にはセリウムやイットリウムなど、多くのレアメタルも少量ですが含まれています。スカンジウムとアルミニウムを混ぜた合金はとても硬いので、**ラクロスのスティック**など軽さが求められるスポーツ器具や、**ミグ29戦闘機**など高速ジェット機に使われます。

22 Ti チタン Titanium

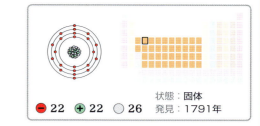

状態：固体
⊖ 22　⊕ 22　○ 26　発見：1791年

遷移金属

どのような姿か？

灰チタン石（ペロブスカイト）
灰色で立方体状の結晶。チタン酸カルシウムでできている。

板チタン石（ブルカイト）
深い赤色をした大きな結晶。酸化チタンを含む。

まわりは曹長石の結晶。

空気に触れると銀白色の輝きが失われて灰色に変わる。

チタン単体の実験用サンプル

何に使われているか？

内側に貼られている**チタンの板**が盾の役目を果たす。

防弾チョッキ

傷ついた関節に置き換える**チタン製の関節**。

人工股関節

日焼け止め剤
酸化チタンが日光中の有害な紫外線（UV）を防ぐ。

ドリルの刃
窒化チタンのめっきにより硬度の増した**ドリルの刃**。

チタン合金でできた**腕時計**。

腕時計

インラインスケート
チタン合金製のフレームは軽量なのに丈夫。

チタンという名前は、ギリシャ神話の巨人タイタンからつけられました。チタンは銀色に輝く金属です。チタンは鋼鉄と同じくらいの強度をもちながら、鋼鉄よりもはるかに軽く、水や化学物質に触れても腐食しません。高い防弾性が求められる**防弾チョッキ**の防護板にもチタンが使われます。チタンはおもに酸化チタン（チタンと酸素の化合物）のかたちで、顔料や**日焼け止め剤**、最近では光触媒としても使われています。チタンには毒性がないので、**人工股関節**など生体材料の素材としても有用です。チタン合金でできた**腕時計**は軽くて丈夫です。

23 V バナジウム Vanadium

- 23 + 23 ○ 28 状態：固体 発見：1801年

遷移金属

どのような姿か？

- 褐鉛鉱（バナジン鉛鉱、バナジナイト）
- このキノコはバナジウムを高濃度に含む。
- ベニテングタケ
- カルノー石（カルノタイト）
- 銀色の表面
- 黄色の粉をふいたような部分にバナジウムを少量含む。
- 褐鉛鉱はバナジウムの主要な鉱石。結晶はもろい。
- バナジウム単体の結晶

何に使われているか？

- スパナ
- バナジウムと鋼鉄の合金でできた工具。耐摩耗性が高い。
- バナジウムの約85%は鋼鉄を強化するために使われる。
- バナジウムを加えて硬度を高めた鋼でできた刃。
- ダマスカス鋼ナイフ

バナジウムはたたいても引っ張ってもなかなか砕けないたいへん硬くて丈夫な金属ですが、加工もしやすいのが特長です。バナジウムはイギリスの化学者ヘンリー・ロスコーによって1869年にはじめて単離され、現在はおもに褐鉛鉱から取りだされています。古代の鍛冶職人は鋼にバナジウムの化合物を少量加えて、頑丈なダマスカス鋼をつくりました。その名前は、この鋼を使った世界一鋭い刀剣がシリアの首都ダマスカスで生まれたことにちなみます。バナジウムはスパナやナイフなどを強化する原料として現在でもよく使われています。

24 Cr クロム Chromium

状態：固体
⊖ 24　⊕ 24　○ 28　発見：1798年

遷移金属

どのような姿か？

クロム鉄鉱（クロマイト）
クロム鉄鉱は濃い灰色から茶色。

クロムと鉛を含む**大きな赤い結晶**。

紅鉛鉱（クロコアイト）

クロムは水や空気に触れても**輝きを失わない**。

クロム単体の実験用サンプル

何に使われているか？

このおろし金は、クロムを加えたステンレス鋼でできているので、さびない。

ステンレス製の調理器具

赤い色はわずかに含まれる酸化クロムによる。

ルビー

クロムめっきをかけ、さびを防ぐ。

オートバイ

クロムという名前はギリシャ語で「色」を意味するchromaからつけられました。**クロム鉄鉱**や**紅鉛鉱**などクロムを含む鉱物の多くは鮮やかな色が特徴的です。紅鉛鉱の主成分であるクロム酸鉛を原料とする顔料をクロムイエロー（黄鉛）といい、昔はよく使われていましたが、毒性があるため現在では使用が禁止されています。クロムの単体は腐食しにくいので、鉄と炭素を主成分とする**ステンレス鋼**に加えられます。クロムを含む、**ルビー**などの宝石は深い赤色を示します。**オートバイ**の車体にクロムめっきを施すと、輝きのある仕上がりになります。

25 Mn マンガン Manganese

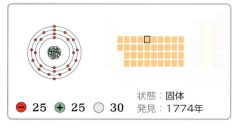

状態：固体
⊖ 25 ⊕ 25 ○ 30 発見：1774年

遷移金属

どのような姿か？

透明なバラ色の結晶。

菱マンガン鉱（ロードクロサイト）

1774年に、**軟マンガン鉱**からマンガンが初めて取りだされた。

銀色に輝く金属。

軟マンガン鉱（パイロルース鉱）

軟マンガン鉱の主成分は酸化マンガン。

マグネシウムと同じく、マンガンという名前もギリシャの地名マグネシアからつけられました。マンガンを含む鉱物は、鮮やかな色をした**菱マンガン鉱**をはじめ、たくさん存在します。現在、マンガンはおもに**軟マンガン鉱**から取りだされます。**マンガンの単体**は高密度で硬く、もろい金属です。マンガンは海中にも、水酸化マンガンや酸化マンガンのかたちで存在します。これらの化合物は何百万年という長い時間をかけて塊となり、海底に沈んでいます。

何に使われているか？

マンガン単体の実験用サンプル

- パイナップル
- カラスムギ
- ムール貝
- ヘーゼルナッツ

マンガンを多く含む食品

ジェファーソン・ニッケル硬貨
第二次世界大戦のころの**アメリカで使われていた5セント硬貨**。ニッケル不足のためにマンガンと銀でつくられた。

ヨハン・ゴットリーブ・ガーン

1774年、スウェーデンの化学者ヨハン・ゴットリーブ・ガーンは二酸化マンガンと木炭（主成分は炭素）を激しく加熱して反応させ、マンガンを取りだすことにはじめて成功しました。二酸化マンガン中の酸素を、木炭に含まれる炭素が取り除き、あとに残ったのがマンガンの単体でした。

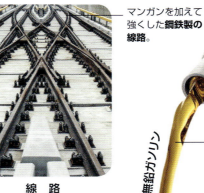
マンガンを加えて強くした**鋼鉄製の線路**。
線路

乾電池
二酸化マンガンが使われている**マンガン乾電池**。

無鉛ガソリンには鉛よりも毒性の低いマンガン化合物が添加されている。

フランス・ラスコーの洞窟壁画

黒い部分は二酸化マンガンで描かれている。

紫色のガラス瓶
過マンガン酸塩を添加して紫色に**着色されている**。

遷移金属

人体には少量のマンガンが必要です。マンガンはムール貝やナッツ、カラスムギ、パイナップルなどの食品から摂ることができます。マンガンを含む鋼鉄はとても強く、**線路**や装甲車に使われます。**乾電池**のなかには正極に酸化マンガンを使用しているものもあります。マンガン化合物は**ガソリン**にも添加されます。**ガラス**から不純物を取り除いて脱色するために、あるいは紫色をつけるためにも使われます。先史時代の**洞窟壁画に見られる**濃い色の部分は、二酸化マンガンを含む鉱物を砕いて描かれています。

遷移金属

26 Fe 鉄 Iron

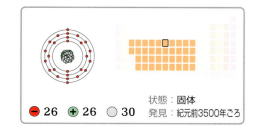

⊖ 26　⊕ 26　○ 30
状態：固体
発見：紀元前3500年ごろ

どのような姿か？

黄鉄鉱（パイライト）

立方体状の結晶。

黄鉄鉱は鉄と硫黄の化合物でできている。

ホウレンソウには鉄の他にもカリウム、カルシウム、マンガンなど重要な元素が含まれる。

ホウレンソウ

鉄の単体は簡単に砕ける、もろい金属。

地球に**もっとも多く存在する金属**は鉄である。

鉄隕石

硬い塊状の鉄の単体。

実験室で精錬した鉄

血液には人体に含まれる鉄の約70％が存在する。

血液サンプル

地球に存在する鉄の大部分は地球内部の熱い核の中に閉じ込められています。また、鉄は地球の表層部の岩石にも豊富に含まれ、そこから毎年約25億トンが取りだされています。鉄に富む鉱石のひとつに**黄鉄鉱**がありますが、**鉄の単体**は黄鉄鉱ではなく、おもに赤鉄鉱などの鉱石から、製錬という工程を経て取りだされます（囲み記事参照）。**鉄を多く含む隕石**（宇宙から飛んできた岩石）は、天然に存在する数少ない鉄の単体です。鉄は人体にも含まれ、全身に酸素を届ける血液中の物質ヘモグロビンをつくっています（細胞は酸素を使って、体を動かす

何に使われているか？

アメリカ、ニューヨークのクライスラー・ビル

ナットとねじ
鋼鉄製の強力な**留め具**。

鋼鉄製の車体はさびに強い。
トラクター

スチールたわし
細かい繊維状の鋼鉄でできたたわし。硬い物の表面の汚れを落とすときに使う。

ステンレス鋼は雨や風に対する耐久性に優れている。

鋳鉄なべ
鋳鉄なべは調理中に熱を逃さない。

鎌
鋼鉄製の刃は磨耗しにくいため、他の合金や金属でできた刃よりも切れ味が長持ちする。

鋼鉄製の骨組みでできている**背の高い建造物**。
送電塔

鉄の小さな粒子は磁性をもつので、磁石に引き寄せられる。

鉄の削り屑と磁石

製　錬

1. 鉄鉱石と石炭（コークス）を溶鉱炉に入れる。
2. 熱風を吹き込み、温度を上げる。
3. 表層に浮かんでくる不純物を取り除く。
4. 底に沈んだ鉄分を取りだす。

鉄の単体は、製錬という工程を経て鉄鉱石から取りだされます。炉の中が高温になると石炭が燃え、石炭中の炭素と鉄鉱石の成分が反応します。反応が進むにつれて、炭素の働きで鉱石から不純物が取り除かれ、純度の高い鉄ができていきます。

遷移金属

ためのエネルギーをつくりだします）。鉄は、肉や、**ホウレンソウ**などの緑色野菜にも含まれます。鉄が空気や水に触れると、表面が赤茶色のボロボロの状態（さび）になり劣化します。鉄を強化するために、少量の炭素と、ニッケルやチタンなどの金属を加えた合金を、鋼鉄（スチール）といいます。鋼鉄は**ねじ**や、**トラクター**の頑丈な車体などさまざまなものに利用されます。鋼鉄にクロムを加えると、さらに丈夫なステンレス鋼になります。

鋼鉄をつくる

この写真は製鋼所で、高温の液体金属を別の炉に移しているところです。鉄鉱石を鋼鉄に変える長い工程が、この後いよいよ最終段階に入ります。鋼鉄は、超高層ビルや橋を支える鉄骨に利用されることからもわかるように、強靭性（硬くて、しなりがある性質）に優れた合金です。成形して、自動車の車体をつくることもできます。エレベーターを吊り下げる強力なロープも鋼鉄を編んだもの。リニアモーターカーを浮上させる強力磁石も鋼鉄でできています。

鋼鉄は炭素を2％、その他の元素をいくらか含む鉄の合金です。鋼鉄の内部では、鉄原子と鉄原子の隙間に炭素原子が入りこんでいるので鉄原子は動くことができず、折れにくくなります。この構造のおかげで、鋼鉄は鉄だけに比べると硬くじょうぶで、さらに、鋼鉄より炭素を多く含む鋳鉄ほどもろくもありません。鋼鉄は、鉄鉱石を溶かして酸素を取り除いた溶鉄（銑鉄）を転炉に入れ、不純物を取り除いたのちに、いろいろな元素を加えてつくられます。添加する元素に応じて鋼鉄の特性は変わります。たとえばクロムは鉄鋼をよりさびにくく、マンガンはより硬く、ケイ素は磁化しやすくします。ニッケルを加えると極低温でも砕けにくくなります。

27 Co コバルト Cobalt

状態：固体
⊖ 27　⊕ 27　○ 32　発見：1739年

遷移金属

どのような姿か？

コバルト華（エリスライト）

鮮やかな紫色を示すので、英語では「赤いコバルト」ともよばれる。

実験室で精錬した円板状のコバルト単体

光沢があり、かなり硬い。

輝コバルト鉱（コバルタイト）

立方体状の結晶。コバルトと硫黄の化合物を含む。

ヒ素を含むため、砕くとニンニクのような匂いがする銀色の鉱物。

スクッテルド鉱（スクッテルダイト）

中世ドイツの鉱夫は、**コバルトの鉱石を貴金属の鉱石とよく間違えました**。そしてコバルトの鉱石を精錬すると有毒ガスであるヒ素が発生するため、次つぎと体調を崩したそうです。ドイツでは、災いをもたらすこの鉱石を、ゴブリン（悪さをする小悪魔）を意味する kobald とよんでいました。**コバルトの単体**は硬く、光沢があります。鋼鉄などの合金にコバルトを加えると強靭になります。コバルトを含む合金は**ジェット機**のタービンの羽や、股関節や膝関節用の**人工関節**に利用されます。

何に使われているか？

強くて軽い人工股関節はコバルトとクロムの合金でできている。

人工股関節

この部分を骨盤のくぼみ（寛骨臼）にねじ込む。

永久磁石

800℃まで磁力が衰えない**磁石**。

薄い羽（動翼）はコバルト合金製で、高温でも硬さを失わない。

ジェット機のタービン

コバルトブルーは**紀元前3000年から**顔料として使われていた。

青色のガラスにはコバルト化合物が使われている。

ティファニー・ランプ

この濃い青色は長い時間が経っても、強い光にさらされても色あせない。

同位体の生成

コバルト60はコバルトの同位体元素。原子炉で人工的につくりだされます。放射能をもつことから、がんの治療にも利用されます。

コバルト59の原子核に中性子を照射する

中性子が加わる

コバルト59は32個の中性子をもつ安定した原子

コバルト60は33個の中性子をもつ放射性の原子

コバルト60の放射線で処理したことを表す**印**がつけられている。

食品照射

コバルトブルー色の顔料

コバルトは**永久磁石**に使われる数少ない元素のひとつです。大型の永久磁石には、コバルトとニッケルとアルミニウムからなる「アルニコ」とよばれる強靭な合金が使われます。コバルトの放射性同位体であるコバルト60は原子炉でつくられます。コバルト60は**食品照射**（食品にほんのわずか放射線を当て病原菌を殺す方法）に広く利用されています。コバルトは深い青色をつくることもできます。**コバルトブルー色の顔料**や染料はアルミニウムと酸化コバルトを反応させたものです。

28 Ni ニッケル Nickel

● 28　＋ 28　○ 30　状態：固体　発見：1751年

遷移金属

どのような姿か？

珪ニッケル鉱（ガーニエライト）
緑色なのはニッケルを含むため。

ペントランド鉱（ペントランダイト）
鉄とニッケルの硫化物からなる赤みを帯びた鉱物。

紅砒ニッケル鉱（ニッケリン）
ヒ素を含むニッケル鉱石。

実験室で精錬した球状のニッケル単体
かすかに黄色を帯びた銀白色の金属球。

ニッケルという名前は、キリスト教文化圏で地下に住むとされていた悪魔オールド・ニックからつけられました。18世紀のドイツでは、有毒なニッケル鉱物（後に**紅砒ニッケル鉱**と判明）を銅鉱石と思い込んだ鉱夫たちが、なんとか銅を取りだそうとするものの失敗続きでした。これを悪魔の仕業と考えた鉱夫たちは、この鉱石を「オールド・ニックの銅」を意味する Kupfernicke とよびました。ニッケルは、**珪ニッケル鉱**や**ペントランド鉱**などの鉱石にも含まれます。ニッケルはもっとも有用な金属のひとつで、さまざまな用途で利用されています。**純粋**

何に使われているか？

ゴブレット型の太鼓
ニッケルめっきが施されているので光沢がある。

船舶のスクリュープロペラ
ニッケルと銅の合金でめっきしているため強度があり、磨耗しにくい。

ニッケルめっきを施された短剣
さびに強い持ち手。

ニッケル入りのコイン
アメリカの5セント硬貨の成分は銅75%とニッケル25%。

アメリカの**5セント硬貨**は**ニッケルコイン**ともよばれる。

ニッケル製のスプーンとフォーク
ニッケルと銅と亜鉛の合金に銀めっきが施されている。

エレキギター
ニッケルでめっきした弦は明るい音色を響かせる。

トースター
ニッケル合金の電熱線が熱くなり、パンが焼ける。

遷移金属

永久磁石

磁場に置いたときにだけ磁石になる物体を一時磁石といい、磁場から取りだしても磁石の性質をもち続ける物体を永久磁石といいます。永久磁石の材料となる元素は数少なく、ニッケルはそのひとつです。

1. もともとニッケルの内部では原子の磁極はばらばらの方向を向いている。
2. 磁場に入れると原子の磁極の向きがそろう。
3. その後、外部の磁場を取り除いても、原子の磁極は同じ方向を向いたまま、みずから磁場をつくり続ける。

なニッケルはさびないので、物体の表面をおおうめっきに使われます。ニッケルめっきは銀のように見えるため、高価でない装飾品に施して見栄えをよくすることもあります。ニッケルを銅に混ぜた白銅という合金は海水に触れても腐食しないので、**スクリュープロペラ**など船舶の金属部分のめっきに使われます。また、世界中のほとんどの銀色の**硬貨**は白銅でできています。ニッケルは**エレキギター**の弦にも使われています。クロムとニッケルの合金をニクロムといい、その針金は熱をとてもよく伝えるので、**トースター**に使われています。

29 Cu 銅 Copper

遷移金属

状態：固体
発見：先史時代
⊖ 29　⊕ 29　○ 35

どのような姿か？

- 褐鉄鉱の上で成長した銅
- 銅の**樹枝状結晶**。
- 洞窟で、このような羽毛状結晶がよく見つかる。
- **孔雀石（マラカイト）**
- **黄金色の結晶**。硫化銅を含む。
- 黄銅鉱
- 独特の赤みを帯びたオレンジ色。
- 実験室で精錬した粒状の銅
- **鮮やかな虹色**は、鉱石が空気と反応したため。
- **斑銅鉱（ボーナイト）**
- 甲殻類の血液
- 銅を含むため、**エビやカニの血液は青い。**

銅は柔らかく、曲げやすい金属です。電気も熱もよく通します。銅は単体が天然に産出する数少ない元素のひとつですが、多くは**黄銅鉱**などの鉱石中に含まれています。**孔雀石**や**藍銅鉱**といった銅を含む鉱物は、鮮やかな色をしています。単一の元素からなる金属で赤みを帯びているのは銅だけです。**純粋な銅のおもな用途は電線（銅線）**です。鉄芯に銅線を巻いて電流を流すと、**電磁石**になります。電磁石は電流が流れたときのみ磁石になるので、スイッチを切り替えて磁力を制御できます。また電磁石は普通の磁石よりもかなり強力なため、重い物体ももち

何に使われているか？

コンピューターの基板 — ここに銅線が巻かれている。

電気めっきを施した鉄くぎ — 銅めっきをかけた銅鉄製のくぎは腐食しにくい。

巨大な電磁石 — 大型クレーン車に搭載された電磁石には銅線でできた巨大なコイルが入っている。

アメリカ・ニューヨークにある自由の女神像 — 緑青の層に守られた銅はこれ以上風化しない。

真鍮のトランペット — 真鍮でできた管の中で空気が振動して音が鳴る。

青銅製のヘルメット — 強靭な合金は長い年月を経ても朽ちない。

銅釉で処理した花瓶 — 銅釉（銅を加えたうわぐすり）がかかっており金属光沢がある。

銅線 — 純粋な銅を伸ばして長い針金をつくる。

電気めっき

金属（多くは鉄）の表面を銅の薄い層（めっき）でおおうと腐食しにくくなります。電流を利用してめっきを施す方法を電気めっきといいます。

- 陽極から陰極へ電子が流れる。
- 銅でできた陽極板から、溶液中に銅がゆっくり溶けだす。
- 鉄でできた陰極板の表面に銅イオンが保護皮膜をつくる。
- 溶液には、溶けでた銅イオンが含まれる。

あげることができます。銅の単体はさびませんが、長い時間をかけて空気と反応すると炭酸銅となり、灰緑色の薄い膜（緑青）をつくります。**自由の女神像**などの銅像の表面をおおっているのが緑青です。銅に他の金属を混ぜると強靭な合金になります。銅とスズの合金（青銅）は銅の単体よりも耐摩耗性が高く、古代から使われています。銅と亜鉛の合金（真鍮、ブラス）は**トランペット**などの楽器に使われます。

銅　線

この写真は、髪の毛ほどの細い銅線を寄りあわせた束をさらに編み込んだ金網、銅メッシュの拡大写真です。銅メッシュの代表的な用途は、テレビ信号を伝える銅線の遮蔽です。映像や音の信号が電流のかたちで太い銅線を伝わる際、銅メッシュを太い銅線に巻いておくと、近くにある電気製品による信号の混信を防ぐことができます。

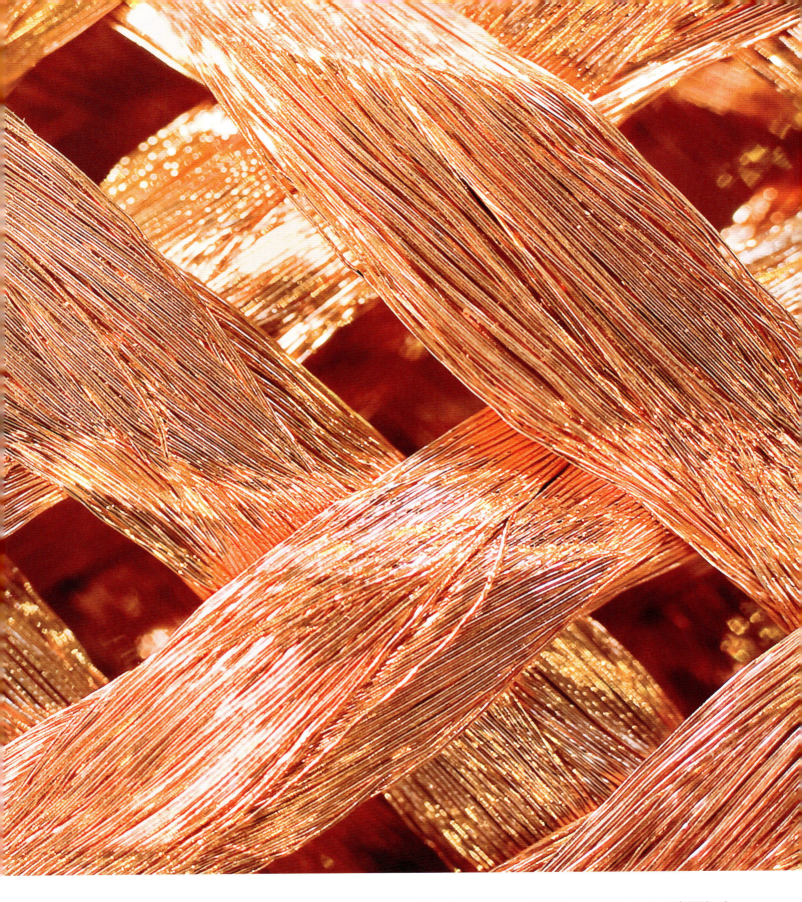

銅はとてもよく電気を伝えますが、一番ではありません。銀のほうが電気をよく通します。ところが実際に多く使われるのは銅です。というのも、銅は見つけるのも精錬するのもかなり安価で済むからです。毎年、約1500万トンの銅が生産され、その半分以上が銅メッシュなど電気部品の原料となります。目に触れることはありませんが、電力の供給設備や建物、電子機器の中に張り巡らされている銅線の長さは、総計10億キロメートルを超えるといいます。現在は電気関係でもっともよく使われる金属ですが、銅の歴史はとても古く、今から7,000年ほど前に現在のイラクにあたる地域で鉱石から大量に取りだされたはじめての金属が銅でした。現代の世界最大の銅鉱山は、アメリカ・ユタ州のビンガム・キャニオンにあります。

30 Zn 亜鉛(あえん) Zinc

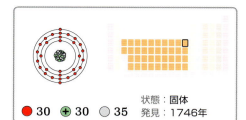

状態：固体
● 30　⊕ 30　○ 35　発見：1746年

遷移金属

どのような姿か？

閃亜鉛鉱（スファレライト）

亜鉛の主要な**鉱石**。

異極鉱(いきょくこう)

この亜鉛鉱物の**結晶**は小さな粒状の集まりで産出することがある。

亜鉛単体の実験用サンプル

光沢のある硬い金属。

ドイツの化学者アンドレアス・マルクグラーフが新しい元素、亜鉛の単離に成功したのは18世紀でしたが、インドと中国ではその数百年前からすでに亜鉛を利用していました。亜鉛は、天然には単体で存在しない珍しい遷移金属ですが、さまざまな鉱物に含まれています。

硫化亜鉛を含む**閃亜鉛鉱**は**亜鉛単体**を得るための主要な鉱石です。亜鉛とケイ素を含む**異極鉱**も重要です。亜鉛は人体に必須の元素で、ヒマワリの種やチーズといった食品に含まれます。金属亜鉛は電池の負極の材料として使われます。

何に使われているか？

酸化亜鉛を付着させた**医療用テープ**は、傷口の細菌感染を防ぐ。

亜鉛めっきを施した鋼鉄製の橋は、さびにくい。

神戸の明石海峡大橋

アメリカのペニー硬貨

亜鉛に銅めっきを施したコイン。

超新星

超新星（巨大な星が爆発して明るく輝く状態）の内部では**亜鉛をはじめ多くの元素が合成される**。

菱亜鉛鉱（スミソナイト）

菱亜鉛鉱は炭酸亜鉛を含む。

菱亜鉛鉱は、**スミソニアン協会**の創設者ジェームズ・スミソニアンが発見した。

酸化亜鉛の結晶はたいてい無色。

紅亜鉛鉱（ジンサイト）

鎮静作用のある化粧水は亜鉛化合物を含んでいる。

ゴム長靴

柔らかいゴム長靴には酸化亜鉛を加えて強度を上げる。

カラミンローション

亜鉛めっき鋼

鋼鉄に亜鉛めっきを施すと、腐食しなくなります。溶かした亜鉛でめっきを施すと、鋼鉄と亜鉛との間に、鉄と亜鉛からなる合金の層ができます。このようなめっき方法を、溶融亜鉛めっきとよびます。

- 純粋な亜鉛
- 亜鉛94%、鉄6%
- 亜鉛90%、鉄10%
- 鋼鉄（鉄と炭素の合金）

亜鉛化合物はさまざまな分野で利用されています。亜鉛と酸素の化合物、酸化亜鉛は**医療用テープ**や日焼け止め剤に使われます。酸化亜鉛にはゴムの強度を上げる性質があるので、**長靴**やタイヤにも使われます。亜鉛と硫黄の化合物である硫化亜鉛は、暗闇で光る夜光塗料の原料です。亜鉛の単体は空気に触れると酸素と反応して、表面に酸化物の層をつくります。この層は水や空気を通さないため、鋼製の**橋**には亜鉛めっきをかけて腐食しにくくします。

遷移金属

39 Y イットリウム Yttrium

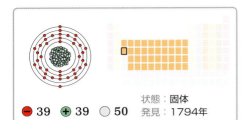

● 39　＋ 39　○ 50　状態：固体　発見：1794年

どのような姿か？

イットリウムは銀の**400倍**も地殻に存在する。

ゼノタイム
この鉱物は放射性元素ウランをほんのわずかに含む。

月の石
NASAのアポロ16号が月から地球に持ち帰った**岩石標本**。

キャベツ
キャベツはイットリウムを含む。

イットリウム単体の実験用サンプル
銀色に輝き、腐食しにくい。

モナズ石（モナザイト）
イットリウムを2%含む、**赤みを帯びた茶色の鉱物**。

NASAのアポロ計画で宇宙飛行士が月から持ち帰った岩石には、地球の岩石よりも高濃度のイットリウムが含まれていました。イットリウムは天然に単体では存在しませんが、**ゼノタイム**や**モナズ石**といった鉱物にごくわずか含まれています。イットリウムは1794年にフィンランドの化学者ヨハン・ガドリンによって化合物として発見されました。単離されたのは1828年です。イットリウム化合物は**キャベツ**などの野菜や、樹木の種子にも含まれます。

何に使うの？

LED照明

イットリウム化合物を含む**LED電球**。

レーザー

イットリウムとケイ素を成分とする結晶から発生した**レーザー**。金属を切ることもできる。

フリードリヒ・ヴェーラー

1828年、ドイツの化学者フリードリヒ・ヴェーラーは世界ではじめてイットリウムの単離に成功しました。塩化イットリウムという化合物からイットリウムの単体を取りだしたのです。ヴェーラーはベリリウムやチタンといった金属の単離にも成功しています。

イットリウム90

イットリウムの放射性同位元素。がんの治療に用いられる。

イットリウムのガスマントル

イットリウムを含む繊維でできたマントル。高温の炎の熱を受けて発光する。

イットリウムを溶かし込んだガラスは強靭で**衝撃に強い**。

デジタルカメラのレンズ

NASAの宇宙船はイットリウムレーザーを利用して**小惑星の地形**を調査する。

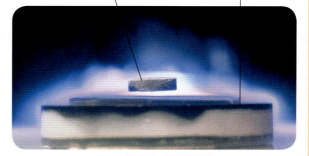

超伝導体の上で浮く**小さな磁石**。

超伝導体に磁石を近づけると、跳ね返す力が働く。

イットリウムの超伝導体

遷移金属

LED照明では、青色LEDの光にイットリウムが作用することで、光の色が変わります。多くの**レーザー**では、ガーネットというケイ素の豊富な人工結晶にイットリウムとアルミニウムを混ぜたものが発振源に使われています。強力なイットリウムレーザーは皮膚の感染症治療や口腔外科の手術に利用されます。イットリウムの放射性同位元素も治療に用いられます。イットリウムはガラスを強靭にするので、**カメラのレンズ**に添加されます。イットリウム化合物は**超電導体**（極低温状態で抵抗がゼロになり電気を通す物質）に使われます。

40 Zr ジルコニウム Zirconium

⊖ 40 ⊕ 40 ○ 51　状態：固体　発見：1789年

遷移金属

どのような姿か？

ジルコンの結晶

この濃い茶色は不純物の鉄を含むため。

ジルコニウム単体は銀白色で、いろいろな形をつくりやすい。

実験室で精錬した棒状のジルコニウム単体

何に使われているか？

人工の歯

ジルコニウムを多くむセラミックでできている頑丈な人工の歯。

セラミック製ナイフ

非金属製の硬い刃は頻繁にとがなくてもよい。

ジルコニウムを封入した電球。明るい光を放つ。

1960年代のカメラのフラッシュ

キュービックジルコニアの指輪

加工したジルコニアがあしらわれた指輪。

ジルコニウムという名前は、金色がかった茶色い鉱物ジルコンからつけられました。ジルコンの語源は「金色」を意味するペルシャ語です。ジルコニウムの単体は、1824年にスウェーデンの化学者ヤコブ・ベルセリウスによって取りだされました。現在ではほとんどの場合、ジルコニウム単体ではなく、二酸化ジルコニウム（ジルコニア）が使われます。ジルコニアの粉末を加熱してできる硬いガラスのようなセラミックは、**人工の歯**や鋭い**セラミック製ナイフ**に利用されます。加工方法を変えると、ダイヤモンドそっくりの**結晶**になります。

41 Nb ニオブ　Niobium

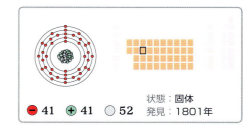

● 41　● 41　○ 52
状態：固体
発見：1801年

遷移金属

どのような姿か？

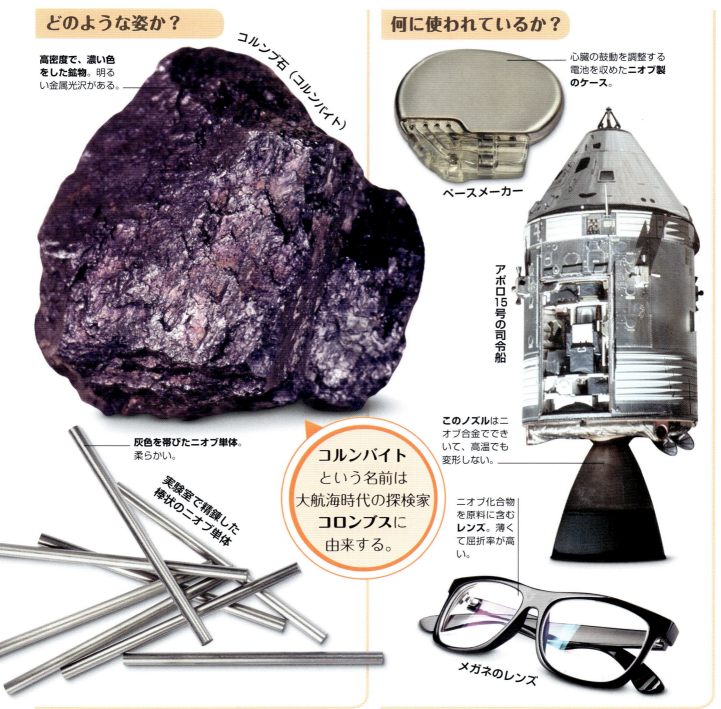

高密度で、濃い色をした鉱物。明るい金属光沢がある。

コルンブ石（コルンバイト）

灰色を帯びたニオブ単体。柔らかい。

実験室で精錬した棒状のニオブ単体

何に使われているか？

心臓の鼓動を調整する電池を収めた**ニオブ製のケース**。

ペースメーカー

アポロ15号の司令船

このノズルはニオブ合金でできていて、高温でも変形しない。

ニオブ化合物を原料に含む**レンズ**。薄くて屈折率が高い。

メガネのレンズ

コルンバイトという名前は大航海時代の探検家**コロンブス**に由来する。

ニオブはタンタルとよく似ているので、およそ40年にわたり、誤って同じ元素と考えられていました。ニオブは光沢のある金属で、**コルンブ石**という鉱物からおもに取りだされます。天然に**単体**では存在しませんが、鉱物から取りだされてさまざまな用途に使われます。人体に害を及ぼさないため、体内に移植する**ペースメーカー**などに利用されます。また高温でも柔らかくならないので、ロケットの部品にも使われます。1971年に月面着陸を果たしたNASAのアポロ15号の**司令船**の一部にもニオブが使用されていました。

42 Mo モリブデン Molybdenum

遷移金属

どのような姿か？

輝水鉛鉱（モリブデナイト）

触ると脂感がありつるつるしている**鉱物**。

モリブデンの単体は灰色がかった銀色。融点はとても高く、2,623℃。

実験室で精錬した塊状のモリブデン単体

何に使われているか？

モリブデンの細かい粉末を混ぜ、滑りをよくした**潤滑油**。エンジン内で高速運動する部分を守る。

潤滑油

軽いけれども丈夫な**フレーム**。モリブデンとクロムを添加したクロモリ鋼でできている。

クロモリ自転車

ぴったりはめ込む部分はモリブデン鋼なので硬く、壊れにくい。

ラチェットレンチ

モリブデンという変わった名前は、「鉛」を意味するギリシャ語 molybdos からつけられました。その昔、鉱夫はモリブデンを含む色の濃い鉱物、**輝水鉛鉱**（モリブデナイト）を鉛の鉱石と間違えていました。モリブデンは鉛よりもはるかに硬いので、単体どうしであれば区別できます。輝水鉛鉱はつるつるしていて柔らかく、モリブデンの主要な鉱石です。**モリブデンの単体**はおもに腐食しにくい合金の原料に用いられます。モリブデン合金は軽量なので、**自転車のフレーム**の素材に適しています。その一方で、硬い性質ももちあわせているので丈夫な工

43 Tc テクネチウム Technetium

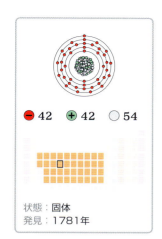
⊖ 42 ⊕ 42 ○ 54
状態：固体
発見：1781年

⊖ 43 ⊕ 43 ○ 55
状態：固体
発見：1937年

原子炉でつくられた薄片状のテクネチウム単体

テクネチウムの単体は原子炉でつくられる。

テクネチウムがだす放射線を利用して写した人体の画像。

テクネチウム化合物による画像診断

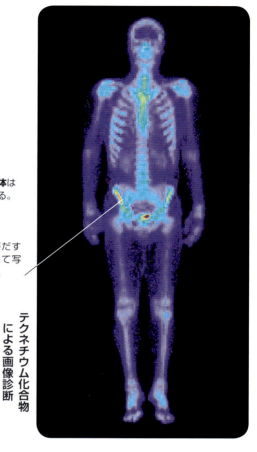

箱の中でモリブデンの放射性同位元素が崩壊してテクネチウムになる。

テクネチウムの製造

各部に新しい試みを取り入れたスーパーカー。車体はモリブデンを含む、さびに強い合金でできている。

ヴェンサー・サルテ

具にも使われます。モリブデン合金は最先端技術のつまったスーパーカー、ヴェンサー・サルテにも使われています。

テクネチウムは人間の手によってつくりだされた最初の元素です。名前は「人工的」という意味のギリシャ語 tekhnetos からつけられました。テクネチウムは天然には存在しません。かつて地球にあったテクネチウム原子はすべて、遠い昔に崩壊して他の元素に変わっています。初期の原子炉では放射性廃棄物の中にテクネチウムがほんのわずかに見つかりました。テクネチウムはもっとも軽い放射性元素で、医療現場では画像診断に広く使われています。体内にテクネチウムを注入すると短時間だけ放射線を放出し、この放射線を撮影すると骨がはっきりと見えます。

遷移金属

遷移金属

44 Ru ルテニウム Ruthenium

● 44　＋ 44　○ 57
状態：固体
発見：1844年

どのような姿か？

ペントランド鉱（ペントランダイト）

地下深くで産出することの多い、**黄褐色の鉱物**。

銀色に明るく輝く**結晶**。

実験室で精錬したルテニウム単体

何に使われているか？

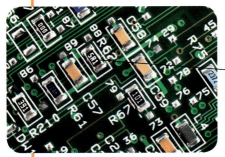

電子回路基板

チップ抵抗器に二酸化ルテニウムが使われている。

トグルスイッチ

ルテニウムを添加して強度を増した**合金**が使われている。

ルテニウムを含む色素を使って**低コストで製造された**ソーラーパネル。

スイスにあるスイステック・コンベンションセンター

ルテニウムという名前は「ロシア」を意味する中世のラテン語 *Ruthenia* からつけられました。ルテニウムは**ペントランド鉱**に含まれる希少な金属で、**ルテニウムの単体**はおもにペントランド鉱から取りだされます。二酸化ルテニウムは**電子回路**の部品（コンピューターなどデジタル装置の抵抗器やマイクロチップ）に使われています。白金やパラジウムなどの柔らかい金属にルテニウムをほんの少量添加した合金は強度が増すため、**スイッチ**など頻繁に動かす部品に利用されています。

45 Rh ロジウム Rhodium

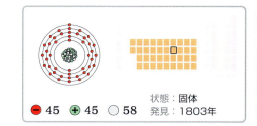

⊖ 45 ⊕ 45 ○ 58
状態：固体
発見：1803年

遷移金属

どのような姿か？

実験室で精錬した球状のロジウム単体

ロジウムの単体は銀色に輝く。

金色に輝く、針のような形の結晶が特徴的。

針ニッケル鉱（ミラーライト）

何に使われているか？

ロジウムめっきを施した宝飾品

リフレクター式ヘッドライト

ロジウム合金製のリフレクター（反射板）が光を反射してあたりを明るく照らす。

ロジウムめっきを施した顕微鏡

ロジウムめっきをかけた部分は**腐食しにくい**。

ロジウムめっきのおかげで輝きを失わない。

ロジウムを多く含む部品に、溶けたガラスを通して**ガラス繊維**をつくる。

ガラス繊維の製造

ロジウムという名前はその化合物がローズレッド（深紅色）を示すことにちなみ「バラ色」を表すギリシャ語 rhodon からつけられました。ロジウムは反応性が低く、簡単には化合物をつくりません。産出量の少ない希少な金属です。**ロジウムの単体**はおもに白金の鉱石から取りだされます。ロジウムは硬いので、**宝飾品**や鏡、**顕微鏡**などの光学装置を傷から守るめっき材料として使われています。もっとも多い用途は車の触媒コンバータ（排ガス浄化触媒）です。ヘルメットなどの防具に使われる**ガラス繊維**をつくる工程でも利用されています。

46 Pd パラジウム Palladium

● 46 ● 46 ○ 60　状態：固体　発見：1803年

どのような姿か？

ブルーリッジ鉱山には高濃度のパラジウムが存在する。

南アフリカのブルーリッジ鉱山

パラジウム単体は銅やニッケルなどの鉱石から取りだされる。

パラジウムはまるで水を吸うスポンジのように**水素**を吸収する。

実験室で精錬した球状のパラジウム単体

何に使われているか？

排気管に排ガスが入るにつれて、パラジウムを利用した**触媒コンバータ**は熱くなる。

触媒コンバータ

有害な一酸化炭素を検知するとパラジウム化合物の色が変わり、警報を発する**装置**。

一酸化炭素検知器

アメリカ・モンタナ州にあるスティルウォーター・マイニング社製の、パラジウムでできた**記念硬貨**。

パラジウム硬貨

遷移金属

パラジウムは希少な貴金属です。産出量は銀の10分の1、金の2分の1です。銀や金と同じくパラジウムも明るく輝き、めったに腐食しません。パラジウムは天然に**単体**で存在しますが、ブラッグ鉱などいくつかの希少鉱物にも含まれます。パラジウムの用途はさまざまです。もっとも多いのは車の排ガスを無害にする**触媒コンバータ**です。塩化パラジウムは**一酸化炭素検知器**に利用されます。パラジウムは貴金属に分類され、パ

触媒コンバータ

自動車のエンジンには触媒コンバータがついています。触媒コンバータは、有害な排ガスを害のない物質に変える重要な装置です。この無害化の過程でパラジウムが重要な役割を果たします。

2. 排ガスがパラジウム製の網の間を通ることによって、有害な汚染物質を無害な物質に変える化学反応が速やかに進む。

1. 有害な排ガスが触媒コンバータに入る。

3. 害のないガスが排気管から外に出る。

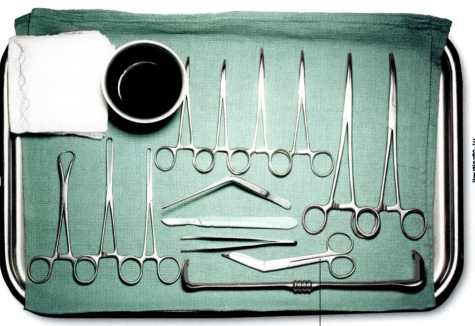

ホワイトゴールドの指輪
金にパラジウムを加えると黄色みが薄くなる。

万年筆のペン先
装飾の施されたパラジウム製のペン先。

遷移金属

時計のぜんまい
パラジウム合金でできた小さなぜんまいが時を刻む。

手術器具
パラジウム合金でできているので、鋭い切れ味が長持ちする。

血糖測定器
血液中のグルコースを測定する電極部分にパラジウムが使われている。

パラジウムを含む素材でできたフルートは腐食に強い。

オーケストラ仕様のフルート

ラジウムで**記念硬貨**をつくる国もあります。パラジウムを加えた鋼鉄はさらに腐食しにくくなります。パラジウムの合金は**手術器具**や高級な**フルート**などの楽器にも使われ、とくにパラジウムを金と混ぜた合金ホワイトゴールド（白色金）は宝飾品に利用されています。パラジウムは万年筆の**ペン先**に使われることもあります。血液中のグルコース濃度を調べる**血糖測定器**にもパラジウムが使われています。

47 Ag 銀 Silver

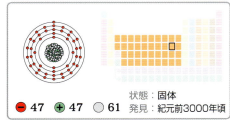

状態：固体
発見：紀元前3000年頃

遷移金属

どのような姿か？

濃紅銀鉱 — 明るい光に当たると**紫色に変わる。**

角銀鉱

不透明の大きな結晶。**つややかな輝きを放つ。**

針銀鉱（アカンサイト） — ねじれた形をした**黒い硫化銀**の結晶。

空気に触れると次第に**輝きがくすんでいく。**

塊状の銀

銀1gで**長さ2kmの**ワイヤーをつくることができる。

銀の化学記号 Ag は、ラテン語で「輝く白」を意味する *argentum* からつけられました。銀の単体は銀白色に輝き、すぐには腐食しないので貴金属に分類されます。定期的に手入れをすれば、輝きを保つことができます。銀は天然に単体で存在しますが、おもに**濃紅銀鉱**や**針銀鉱**といった鉱石から取りだされます。銀は貴重なうえに成形しやすいので、昔から**硬貨**の材料とされてきました。**ブレスレット**や、宝石の台座にも向いています。銀を薄く伸ばした

何に使われているか？

人工の雲

雨はとても重要な気象現象ですが、とりわけ作物の生育には欠かせません。雲がなくても、ヨウ化銀の微粒子を付着させた小さな水滴を空中にまくと、人工の雨雲が発生します。

1. ヨウ化銀の微粒子を飛行機からまく。
2. 氷と水滴が雲をつくる。
3. 雲の中の水滴が重くなると雨になって地上に降る。

銀めっきをかけた回路基板部品。

回路基板

古代の銀貨

銀は柔らかいので、押しつぶして簡単にコインをつくれた。

遷移金属

磨くと、淡い金属光沢を放つ。

アンティークの銀のスプーン

食べられる銀箔

純粋な銀を型に入れたり彫ったりして、さまざまな形に細工をする。

銀を薄く伸ばしたインドの食材「ワーク」。食べても問題ない。

銀のブレスレット

硝酸銀を水と混ぜた消毒液で傷口を手当てする。

硝酸銀

塩化銀を含むレンズは、光が当たったときだけ茶色に変わる。

調光サングラス

写真乾板

臭化銀は光にあたるとすぐに色が濃くなり、画像が浮かび上がる。

銀箔を料理に飾ることもあります。口に入れても金属味のしないスプーンやフォークは、ステンレス鋼が登場するまでは銀製のものだけでした。銀は銅よりもよく電気を通し、回路基板にも使われます。硝酸銀（銀と窒素と酸素の化合物）は抗菌せっけんに配合されることもある、穏やかな殺菌剤です。銀は塩素や臭素と結合して、光に反応しやすい化合物をつくります。塩化銀はサングラス、臭化銀は昔の写真乾板に使われています。

48 Cd カドミウム Cadmium

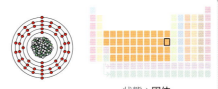

● 48　⊕ 48　○ 64　状態：固体　発見：1817年

遷移金属

どのような姿か？

カドミウムと硫黄の化合物である硫化カドミウムを含む**珍しい鉱物**。

硫カドミウム鉱（グリーノッカイト）

青みを帯び、**柔らかい**。

実験室で精錬した球状のカドミウム単体

黄色い色は、不純物としてカドミウムを含むため。

菱亜鉛鉱（スミソナイト）

何に使われているか？

ニッケル・カドミウム蓄電池

カドミウムとニッケルの層で電流を発生させる充電式電池。

カドミウムと硫黄の化合物を含む、回路用の**電子部品**。

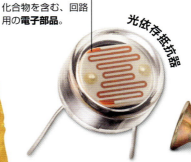

光依存抵抗器

カドミウム・レーザーの放つ紫外線を利用して**標本**を観察する。

濃い赤色の顔料。酸化カドミウムの粉末が使われていた。

カドミウムを含む**赤い顔料**

カドミウムめっきのおかげでさびない。

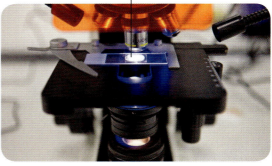

カドミウムめっきをかけたねじ

蛍光顕微鏡

カドミウムは毒性が高く、発がん性のある金属です。カドミウムは、**硫カドミウム鉱**に含まれますが希少で、おもに亜鉛鉱石から亜鉛を精錬するときの副産物として取りだされます。**カドミウム**は1817年に異極鉱から発見されました。現在ではニッケルと組み合わせて**充電式電池**によく使われています。酸化カドミウムはかつて**赤色顔料**の原料でしたが、毒性があるため現在では使用されていません。カドミウムを利用したレーザーは高性能の**顕微鏡**に使われます。

72 Hf ハフニウム Hafnium

● 72　● 72　○ 106　状態：固体　発見：1923年

遷移金属

どのような姿か？

ジルコンの結晶

このジルコンの結晶は**ハフニウム**を4%（重量比）含む。

40億年前にできたジルコンの結晶もある。

ハフニウム単体の実験用サンプル

ハフニウム単体は空気に触れても腐食しにくい。

何に使われているか？

先端部分がハフニウムでできている。

金属切断機

小さな電子部品にハフニウムが使われている。

マイクロチップ

ハフニウムという名前は、ラテン語でデンマークのコペンハーゲンを意味する *Hafnia* からつけられました。ハフニウムがジルコニウムと区別されるまでにはずいぶん時間がかかりました。というのも、どちらの元素も**ジルコン**の結晶に含まれ、しかも原子の大きさが同じだったからです。ハフニウムは、熱い火花を散らしながら金属に穴をあける強力な**切断機**に使われます。**マイクロチップ**に組み込まれる極小の電子部品（数百万分の1ミリメートルの幅）にも使われています。

73 Ta タンタル Tantalum

● 73 ⊕ 73 ○ 108　状態：固体　発見：1802年

遷移金属

どのような姿か？

- 濃い色でろうのような光沢のある**鉱物**。
- **黄色い結晶**は安タンタル石を含む。
- タンタル石（タンタライト）
- **純粋なタンタル**は空気とほとんど反応せず、輝きを失わない。
- 実験室で精錬した棒状のタンタル単体

何に使われているか？

- 人工関節　**タンタル製のシェル**（骨盤側に固定する部品）。軽くて動かしやすい。
- 大量の電気エネルギーを蓄えられる**タンタルコンデンサ**。携帯電話などの小さな回路に使われる。
- 電子コンデンサ
- 金属製の腕時計　**ボディとベルト**が、タンタルと金と銅の合金でできている。

タンタルは硬い金属です。その名前は、ギリシャ神話で神によって罰を科された人物タンタロスからつけられました。タンタルは希少な鉱物、**タンタル石**から取りだされます。タンタルは頑丈なうえに人体に害を及ぼさないので、**人工関節**など体内に埋め込む医療材料に利用されます。タンタルの粉末は**コンデンサ**（電子回路で電気エネルギーを蓄える装置）に使われています。柔らかい貴金属にタンタルを加え強度を上げた合金製の**時計**は丈夫です。またタンタルは強度が高くて腐食もしないので、飛行機のタービン翼にも使われます。

74 W タングステン Tungsten

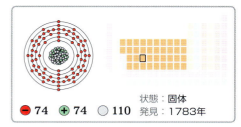

状態：固体
● 74 ⊕ 74 ○ 110 発見：1783年

遷移金属

どのような姿か？

タングステンと鉄を含む。黒っぽい色で、金属のような光沢を放つ。

鉄重石（フェーベライト）

タングステンの主要な鉱石。

鉄マンガン重石（ウォルフラマイト）

純粋なタングステンは灰色の硬い金属。

実験室で精錬した円柱状のタングステン単体

何に使われているか？

ドリルの刃

炭化タングステンめっきをかけた刃。傷つきにくい。

350年前の中国では陶器に**タングステン顔料**が使われていた。

電球

タングステンフィラメントはエネルギー効率が悪いので使われなくなってきた。

釣りのおもり

タングステン製のおもりは害がないので鉛製のものよりも好まれる。

タングステンは金属のなかでもっとも融点が高く、3,414℃でようやく液体になります。タングステンはとても密度の高い金属です。名前は「重い石」を意味するスウェーデン語からつけられました。タングステンはおもに鉄マンガン重石から取りだされます。炭化タングステンは**ドリルの刃**など硬さが求められるものに使われます。タングステンは融点が高いので、**電球**のフィラメントの素材に向いています。釣具につける**おもり**など、重さを求められるものにも使われます。

75 Re レニウム Rhenium

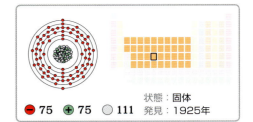

状態：固体
⊖ 75　⊕ 75　○ 111　発見：1925年

遷移金属

どのような姿か？

輝水鉛鉱（モリブデナイト）

モリブデンと、わずかにレニウムを含む**鉱物**。

球状のレニウム単体

レニウム単体は金よりも密度が大きい。

何に使われているか？

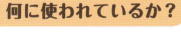

エックス線管

管の中のレニウム合金に電子が衝突するとエックス線が発生する。

レニウムはすべての元素のなかで**沸点が**もっとも高い。

戦闘機F22ラプター

この**戦闘機**のエンジンには耐熱性の高いレニウム合金が使われている。

レニウムは天然にはほとんど存在しません。地殻から原子を10億個取ってきたとして、そのうちレニウムは1個だけというほどの少なさです。レニウムは1925年にドイツで発見され、その名前は「ライン川」にちなんでつけられました。安定した非放射性元素のなかでは最後に発見された元素です。レニウムの融点はとても高く、かなり高温でも固体のままです。このためレニウムを添加した合金は、**エックス線撮影装置**のエックス線管内部やロケットの排気口ノズル、**戦闘機**のジェットエンジンなど、超高温にさらされる場所に使われます。

76 Os オスミウム Osmium

● 76　⊕ 76　○ 114　状態：固体　発見：1803年

どのような姿か？

オスミリジウムの粒

オスミウムとイリジウムの**天然合金**。

オスミウムの単体は硬いが砕けやすい。

実験室で精錬した球状のオスミウム単体

何に使われているか？

透過型電子顕微鏡（TEM）の画像

酸化オスミウムの作用で細胞内の構造が見やすくなる。

指紋検出用の試薬（実際はハケを使わない）

酸化オスミウムが指紋の油分と反応して黒くなる。

昔のレコードプレーヤーの針にはオスミウムが使われていた。

レコードプレーヤー

万年筆

オスミウム合金製のペン先。硬いので滑らかに書ける。

遷移金属

オスミウムは天然で密度のもっとも高い元素です。体積250cm³の重さが5.5キログラムにもなります。オスミウムは鉱石**オスミリジウム**に含まれる、希少な元素です。**オスミウムの単体**は空気中の酸素と反応し、有毒な酸化物をつくります。このため他の元素と混ぜ、安全な合金にして利用されます。酸化オスミウムで処理した細胞を高性能の**顕微鏡**で観察すると、組織の様子がはっきりと見えます。酸化オスミウムは**指紋**の油分に反応して黒く浮き上がらせるので犯罪捜査にも使われます。硬いオスミウム合金は**万年筆**のペン先に使われています。

77 Ir イリジウム Iridium

状態：固体
発見：1803年

遷移金属

どのような姿か？

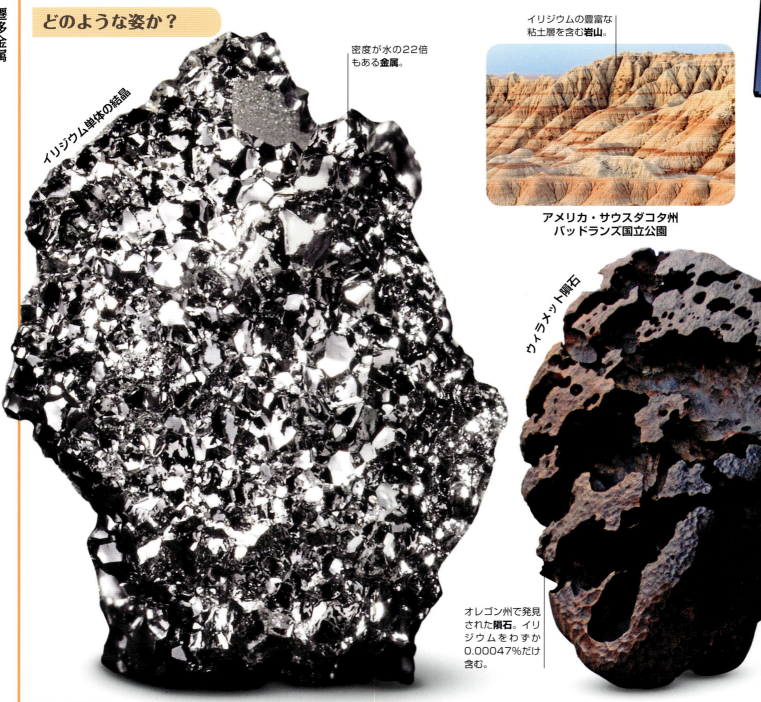

イリジウム単体の結晶

密度が水の22倍もある**金属**。

イリジウムの豊富な粘土層を含む**岩山**。

アメリカ・サウスダコタ州バッドランズ国立公園

ウィラメット隕石

オレゴン州で発見された**隕石**。イリジウムをわずか0.00047%だけ含む。

イリジウムは天然に存在するなかでもっとも希少な元素のひとつです。地球の岩石から原子を10億個取ってきたとして、そのうちイリジウムは1個あるかどうかというほどの少なさです。イリジウムは密度の高い金属です。天然には**単体**として存在する一方、ニッケルや銅の鉱石にも含まれます。また、**隕石**や他の天体の岩石にも含まれています。アメリカのサウスダコタ州バッドランズをはじめ、世界各地でイリジウムを豊富に含む粘土層が見つかっています。このように特定の地層に集中しているイリジウムは、6600万年前に地球にぶつかった巨大

何に使われているか？

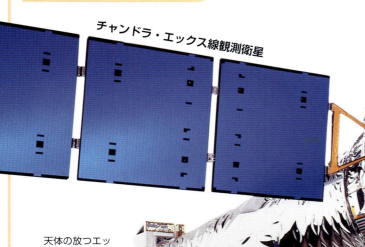

チャンドラ・エックス線観測衛星

照りつける太陽の光から装置を守る**開口部ドア**。

天体の放つエックス線を観測する**望遠鏡**。

鏡に施された**イリジウム**めっき。厚さはわずかに原子数個分。

イリジウムをほんの少量だけ含む**点火プラグ**。ガソリン点火時の高温に耐える。

点火プラグ

イリジウムはオスミウムの次に**密度**が高い。

針の動く部分にオスミリジウム合金が使われている。

 ルイス・ウォルター・アルヴァレズ

1980年、アメリカの物理学者ルイス・ウォルター・アルヴァレズと息子のウォルターは、世界各地の岩石を調べ、イリジウムを高濃度で含む粘土層を発見しました。このような粘土層ができたのは6600万年前に地球に隕石が衝突したためで、この衝突の結果、恐竜が絶滅したという説を発表しました。

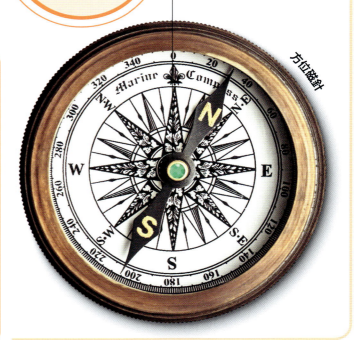

方位磁針

な隕石によってもたらされたと考えられています。衝突の衝撃で舞いあがったちりが世界中に広がり、堆積したようです。**NASAのチャンドラ・エックス線観測衛星**（地球軌道を周回し、遠く離れた恒星の放つエックス線を観測する望遠鏡）の鏡にはイリジウムめっきが施されています。イリジウムは白金や銅よりも磨耗しにくいので、点火プラグにもよく使われます。イリジウムとオスミウムの合金をオスミリジウムといいます。オスミリジウムは**方位磁針**に使われます。また、万年筆のペン先を硬くするためにも利用されます。

78 Pt 白金(はっきん) Platinum

遷移金属

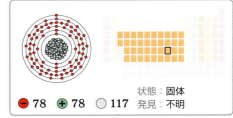

状態：固体
発見：不明

どのような姿か？

白金とヒ素を含み、**高密度で**まばゆい輝きを放つ。もっともよく産出する白金の鉱石。

スペリー鉱（スペリーライト）

白金が溶ける温度は**1,768℃**。

白金の大きな塊（ナゲット）は珍しい。

実験室で精錬した塊状の白金単体

南アメリカの鉱山でスペインの探検家が白金（プラチナ）を発見したのは1700年代のことでした。彼らが手に入れた白っぽいものを地元の人はplatina（「小さな銀」という意味）とよんでいました。白金は銀白色に輝く貴金属です。高温でも他の金属とはほとんど反応しません。このため**スペリー鉱**などの鉱石から白金を取りだすには高度な技術が必要です。**白金の単体**は腐食も変色もしません。ところが細工をしたり、型に入れたりして形をつくりにくいため、昔は単純なつくりの宝飾品や**時計**でしか使われていませんでした。利用範囲が広がったの

何に使われているか？

白金抵抗温度計

白金製の針金に流れる電流を測定することで温度を算出する温度計。

プラチナ（白金）製の時計

貴金属に分類されるプラチナ（白金）を使った高価な腕時計。

プラチナ（白金）プリントは銀塩プリントよりも奥深い陰影を表現できる。

白黒写真プリント

プラチナ（白金）製の宝飾品。輝きを失わない。

プラチナの指輪

昔、歯の詰め物には白金と水銀が含まれていた。

歯の詰め物

白金を含む薬。がん細胞を死滅させる。

抗がん剤

プラチナを使ったステントは人体に無害。傷ついた血管が修復する間、血管を支える。

燃料電池に含まれる白金が水素と酸素の反応を進みやすくする。

燃料電池

医療用ステント

紀元前7世紀のエジプトでは化粧箱の装飾に白金が使われていた。

アントニオ・デ・ウジョーア

南アメリカの西海岸では、2,000年以上にわたり白金を使った宝飾品がつくられていましたが、白金を本格的に研究するようになったのはずっと近年のことです。1735年、南アメリカ探検に参加したスペインの海軍士官、アントニオ・デ・ウジョーアが川の砂に混じっている白金の粒を見つけ、スペインに持ち帰ってじっくり調べたのが最初でした。

遷移金属

は20世紀になるころです。まず写真のプリントで、銀ではなく白金を使う技法が発明されました。歯の詰め物に、金の代わりに白金を使うこともあります。現在、白金はさまざまな産業で重要な役割を果たしています。水素と酸素の化学反応を利用して電気を発生させる燃料電池にも使われています。この種の電池は、他の電池のように充電しなくても使い続けることができます。白金の化合物を主成分として配合した、効果の高い抗がん剤もあります。傷ついた血管の修復に、白金でできたステントを利用することもあります。

79 Au 金(きん) Gold

遷移金属

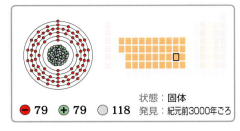

状態：固体
● 79　⊕ 79　○ 118
発見：紀元前3000年ごろ

どのような姿か？

金の元素記号**Au**は**ラテン語**で「金」を意味する*aurum*に由来する。

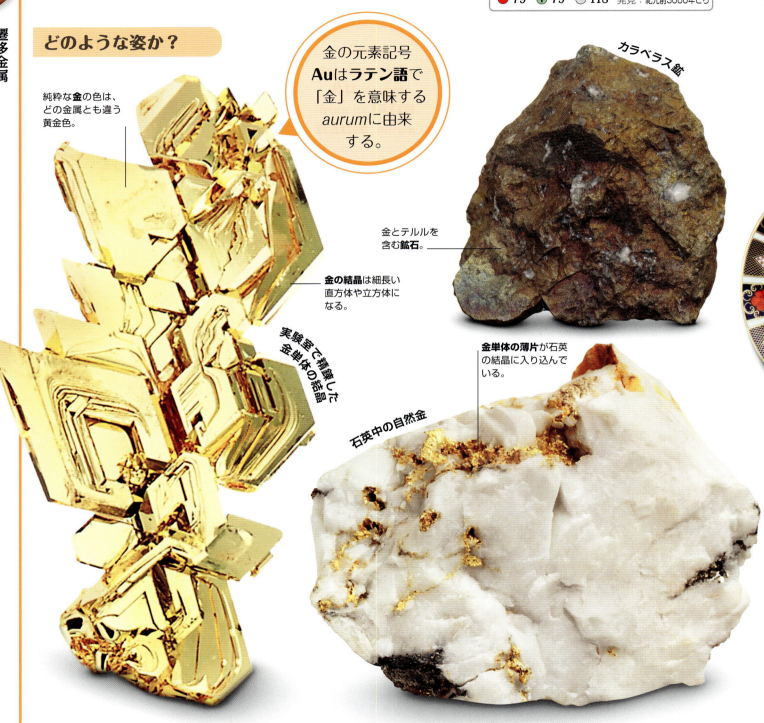

純粋な**金**の色は、どの金属とも違う黄金色。

金の結晶は細長い直方体や立方体になる。

実験室で精錬した金単体の結晶

金とテルルを含む**鉱石**。

カラベラス鉱

金単体の薄片が石英の結晶に入り込んでいる。

石英中の自然金

人類は6,000年以上も前から金で装飾品をつくってきました。銅や鉄などの金属を精錬する方法を知る、ずっと前の話です。人類が最初にみつけた金属元素は金だったという説もあります。金は密度が高く、他の元素とあまり反応せず、独特の黄金色を示す金属です。天然に**単体**で存在し、化合物ではあまり産出しません。例外は、**カラベラス鉱**に含まれる化合物です。天然に産出する**金単体**は塊状のもの（ナゲット）もありますが、岩石の中に小さな粒として入り込んでいることがほとんどです。鉱山では金を含む岩石を砕き、水や強酸で洗って細かい

何に使われているか？

極薄の金めっきが宇宙飛行士を太陽の熱から守る。

宇宙飛行士のヘルメット

ファラオのミイラの顔の上に置かれていた**仮面**。

ツタンカーメンの仮面

ホルタマンの金塊

1872年10月19日、オーストラリアの小さな町ヒルエンド近郊で世界最大の自然金の塊が発見されました。90kgを超すこの金の単体は、発見者バーナード・ホルタマンにちなんで「ホルタマンの金塊」とよばれています。

ホルタマンの金塊　10歳の子ども　145cm

遷移金属

ロイヤルクラウンダービー社の皿

細かい金粉で絵付けされた**皿**。

銀行に保管されている**ゴールドバー**。富の証。

金の地金

食べられる金箔をあしらった高級チョコレート。

食用金箔

金歯

金と水銀でできた**差し歯**。

タイのワット・プラタート・ドイ・ステープ寺院

薄い金で建物全体がおおわれている。

金箔の働きでエンジンの温度を安定させる。

マクラーレン社F1カーのエンジン

古代の金の宝飾品

金を鋳造してつくられた**首飾り**。

金粒を取りだします。**宇宙飛行士の日よけ（ヘルメット）**には熱を遮断するために金めっきがかけられています。昔から金は高価でした。3,300年前のエジプトのツタンカーメン王の**仮面**をはじめ、古代の工芸品には金でできているものが多く見られます。トルコで見つかった世界最古のコインは金貨でした。**タイのワット・プラタート・ドイ・ステープ**寺院など重要な建物を金でおおうこともあります。金は**宝飾品**や装飾品にもっともよく使われる貴金属です。

黄金の観音像

ベトナムのニャチャンにある仏堂ロング・ソン・パゴタには、千の眼と千の手をもつ、黄金の観音像が祀られています。千の手には、ほら貝や白蓮華など、仏が宿るとされるいろいろな物が配されています。金箔を全身にまとった観音像をひと目拝もうと、世界中から多くの人が訪れます。

人類は強靭な金属や有用な元素を数多く発見してきましたが、なかでも金はいまだに群を抜いて価値の高い金属です。金がどのような物質かを知る前から、私たちの祖先は川底でキラキラ光る砂金を見つけたり、岩石から大きな金の塊を掘りだしたりしていました。金のもつ有用な性質がわかっていたのでしょう。柔らかいので、たたけばどんな形にも加工できたし、溶かして型に入れれば装飾品にも細工できました。とりわけ、決して消えることのない輝きは貴重で、古代文明では金製品が珍重されました。古代エジプトでは、硬貨やピラミッドの頂上に乗せる飾りが金でつくられました。金は産出量がとても少なく、これまでに世界中で採鉱した金をすべて固めても、50メートルの競技用プール3杯に納まってしまうほどしかありません。

80 Hg 水銀(すいぎん) Mercury

状態：液体
● 80　⊕ 80　○ 121　発見：紀元前1500年ごろ

遷移金属

どのような姿か？

明るい赤色の鉱物。現代の主要な水銀鉱石。

辰砂(しんしゃ)

液体の水銀

「うね」ができるのは、水銀の密度が大きいため。

−39℃で溶ける金属。

水銀の固体は**ナイフで切れる**くらい柔らかい。

室温で液体の金属は水銀だけです。水銀は水と同じく、天然に存在する数少ない液体のひとつです。**水銀の単体は火山の周辺で見つかります**。辰砂などの鉱物に熱が加わり、水銀が分離するからです。赤い鉱物、辰砂は古くから利用されてきました。古代ローマでは辰砂を焼いて、hydrargyrum（「銀の水」という意味）という液体を取りだしていました。この液体が水銀です。水銀はさらさらと流れることから、のちに英語ではクイックシルバーとよばれるようになります。

何に使われているか？

体温計の先端の水銀は、温められると膨張し、冷やされると収縮する。

水銀体温計

水銀入りの丸薬は便秘や歯痛の治療によく使われた。

水銀薬

電球内の水銀蒸気に電流が流れると光を発する。

電球型蛍光ランプ

水銀は**4000年**以上も前から使われていた。

容器に入れた水銀を天体望遠鏡の反射鏡として使う。**巨大な鏡を安価につくる**ことができる。

望遠鏡の中の液体鏡

気圧計のしくみ

気圧計は、天気を予測するために大気の圧力を測定する装置。もっとも単純な（そして最古の）しくみの気圧計では、ガラス管の中の水銀柱の高さを測定して気圧を求める。

ここには空気がない（真空）
ガラス管
大気圧が高いと水銀は上がり、低いと水銀は下がる
大気圧が水銀を押し下げる
水銀を溜めておく槽

辰砂の粉を含む、**明るい赤色の顔料**。

赤色顔料

水銀が上下すると針も動く。

1660年ごろの水銀気圧計

遷移金属

水銀は毒性の高い金属です。蒸気を吸ったり口に入れたりすると臓器や神経に害が及ぶこともあります。このため現在、水銀の使用は厳しく管理されています。水銀は電池、**温度計**、**蛍光灯**に利用されています。水銀の化合物は鮮やかな**赤色の顔料**にも使われます。18世紀のはじめまで、水銀は一般的な病気を治す**薬**として服用されていましたが、毒性をもつことがわかってからは徐々に使われなくなりました。世界ではじめてつくられた正確な**気圧計**は水銀を利用していましたが、この種の気圧計も現在ではほとんど見かけません。

遷移金属

104 Rf ラザホージウム　Rutherfordium

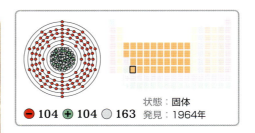
⊖ 104　⊕ 104　◯ 163
状態：固体
発見：1964年

アーネスト・ラザフォード

ラザホージウムは**最初に発見された超重元素**です。超重元素とは、原子核に含まれる陽子が104個以上の元素です。ラザホージウムという名前は、**アーネスト・ラザフォード**からつけられました。ラザフォードは、「原子の中心には原子核がある」という原子モデルを1911年に発表した、ニュージーランド出身の科学者です。ラザホージウムの単体は実験室で人工的につくられます。

---

105 Db ドブニウム　Dubnium

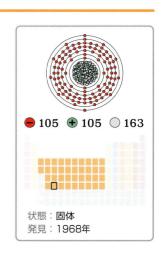
⊖ 105　⊕ 105　◯ 163
状態：固体
発見：1968年

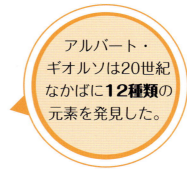
アルバート・ギオルソは20世紀なかばに**12種類**の元素を発見した。

アルバート・ギオルソ

ドブニウムの名前については科学者の意見が一致せず、決まるまでに**30年近くかかりました**が、最終的には、この人工の放射性元素が1968年にはじめてつくられたロシアの街ドゥブナ（Dubna）にちなんで命名されました。実は同じころ、**アルバート・ギオルソ**の率いるアメリカの科学者チームもこの元素をつくりだしていました。ドブニウムには中性子の数が違う同位体が12種類以上あります。

106 Sg シーボーギウム Seaborgium

状態：固体
⊖ 106　⊕ 106　○ 163　発見：1974年

シーボーギウム原子は3分ほどで崩壊してしまうため、その性質について詳しいことはわかっていませんが、金属に分類されると考えられています。シーボーギウムは、ローレンス・バークレー国立研究所の**超重イオン線形加速器**という装置で1974年につくられました。名前は、アメリカの科学者グレン・T・シーボーグからつけられました。

> この大型装置を使って**5種類の新しい元素**が発見された。

超重イオン線形加速器の中を走る**巨大な管**。原子どうしを衝突させる粒子加速器の一種。

遷移金属

グレン・T・シーボーグ

アメリカ・カリフォルニア州ローレンス・バークレー国立研究所にある超重イオン線形加速器

ノーベル化学賞

グレン・T・シーボーグとアメリカの共同研究者エドウィン・マクミランは、いくつもの超ウラン元素をつくりだした研究に対して1951年にノーベル化学賞を受賞しました。マクミランのつくったネプツニウムは、天然に存在するもっとも重い元素であるウランよりも重い元素のなかで、いちばん最初に人工合成された元素です。

ノーベル賞のメダル

遷移金属

107 Bh ボーリウム Bohrium

状態：固体
● 107 ● 107 ○ 163　発見：1981年

ニールス・ボーア

ボーリウムという名前は、デンマークの科学者ニールス・ボーアにちなみます。原子の電子殻構造モデルを考えついたボーアに敬意を表して命名されました。最初のボーリウムは、粒子加速器（原子どうしを衝突させる装置）を使って、クロム原子にビスマス原子を衝突させてつくられました。ボーリウムは非常に不安定な金属原子です。原子の半数が61秒で崩壊してしまうため、ボーリウムについてはほとんど何もわかっていません。

108 Hs ハッシウム Hassium

状態：固体
● 108 ● 108 ○ 169　発見：1984年

ペーター・アルムブルスター

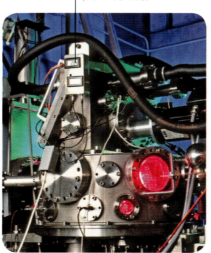

ハッシウムはこの容器の中でつくられた。

ドイツ・ヘッセン州ダルムシュタットにある重イオン研究所の実験容器

ハッシウムは金属と考えられていますが、詳しく研究できるほどの量をつくることができません。ハッシウムはとても強い放射能をもち、数秒で崩壊してしまいます。ハッシウムという名前はドイツのヘッセン州という地名からつけられました。ヘッセン州の**重イオン研究所**で、ドイツの物理学者**ペーター・アルムブルスター**の率いる研究チームによってはじめてつくられたからです。

109 Mt マイトネリウム Meitnerium

● 109　● 109　○ 169
状態：固体
発見：1982年

ドイツ・フンボルト大学のマイトナー・ハウス

マイトネリウムはすべての元素のなかでもっとも密度が高いと考えられています。とても不安定なので、もっとも安定な同位体でもほんの数秒で崩壊してしまいます。マイトネリウムの名前は、オーストリア出身の物理学者**リーゼ・マイトナー**が物理学研究に残した功績をたたえてつけられました。ドイツのベルリンにある**フンボルト大学**の研究所をはじめ、いくつかの大学にマイトナーの名前を冠した建物があります。

ドイツの化学者オットー・ハーン（右）と研究を進めるリーゼ・マイトナー（左）

遷移金属

遷移金属

110 Ds ダームスタチウム Darmstadtium

状態：固体
⊖ 110　⊕ 110　◯ 171　発見：1994年

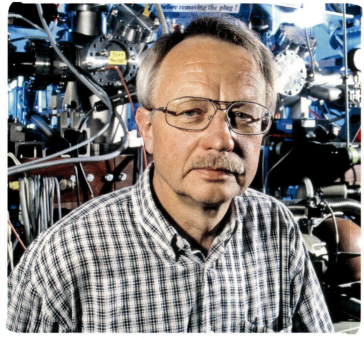

ジクルト・ホフマン

人工元素のダームスタチウムは、ドイツのダルムシュタットにある重イオン研究所ではじめてつくられたことから名前がつけられました。ドイツの物理学者**ジクルト・ホフマン**の率いる研究チームは、粒子加速器（原子どうしを衝突させる装置）の中で鉛原子にニッケル原子を衝突させてダームスタチウムをつくりだしました。

111 Rg レントゲニウム Roentgenium

状態：固体
⊖ 111　⊕ 111　◯ 171　発見：1994年

ヴィルヘルム・レントゲン

レントゲニウムには、金や銀といった貴金属と共通する性質が多いと考えられています。ところがレントゲニウムは数秒も経たないうちに崩壊してしまうので、詳しくはまだ確かめられていません。レントゲニウムはドイツのダルムシュタットでつくられました。名前は、1895年にエックス線を発見したドイツの科学者**ヴィルヘルム・レントゲン**にちなみます。

112 Cn コペルニシウム Copernicium

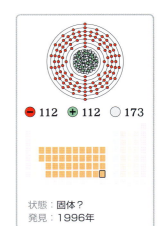

● 112　⊕ 112　○ 173

状態：固体？
発見：1996年

コペルニクスが住んでいた、ポーランドの城の前に立っている像。

ニコラウス・コペルニクスの像

コペルニシウムは**常温で気体の唯一の金属**と考える研究者もいる。

ドイツにあるこの研究所でコペルニシウムは発見された。

ドイツの重イオン研究所

遷移金属

放射性元素コペルニシウムの原子はほんの数分だけ存在して、すぐに崩壊してしまいます。コペルニシウムは粒子加速器の中で鉛原子と亜鉛原子を衝突させてつくられる人工元素です。コペルニシウム原子は、これまでにまだ数えるほどしかつくられていません。コペルニシウムの名前は、地球が太陽のまわりを回っているという説を唱えた、ポーランドの天文学者**ニコラウス・コペルニクス**からつけられました。

ユウロピウム(Eu)は空気に触れると色が変わる。

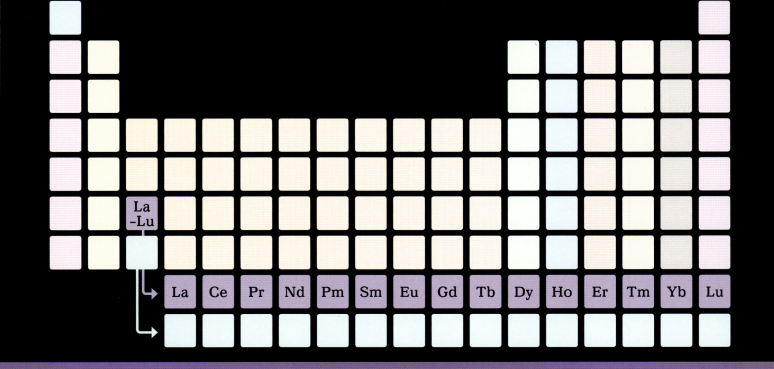

ランタノイド Lanthanides

ランタノイドという名前は、このグループの最初の元素「ランタン」に由来します。ランタノイド系元素は「希土類金属（または希土類元素）」とよばれることもあります。地殻中のさまざまな鉱物に混じって発見される、とても珍しい金属と思われていたからです。ところがそれほど希少なわけではなく、むしろ豊富に存在することがのちにわかりました。ランタノイド系元素は、周期表ではアルカリ土類金属のバリウム（Ba）と遷移金属のハフニウム（Hf）のあいだに入りますが、スペースの都合により、表の下にはみだして書かれます。

原子の構造
最外殻電子は2個。ランタノイド系原子は原子半径が大きく、六つの電子殻をもつ。

物理的性質
高密度で、輝きのある金属。空気に触れるとすぐに灰色に変色する。電気をあまり通さない。

化学的性質
ランタノイド系元素は室温で酸素とゆっくり反応する。熱を加えると、反応が速く進む。

化合物
酸素と結合して酸化物をつくる。ランタノイド系元素の酸化物はレーザーや磁石に利用される。

57 La ランタン Lanthanum

- ⊖ 57　⊕ 57　○ 82
- 状態：固体
- 発見：1839年

ランタノイド

どのような姿か？

バストネス石（バストネサイト）

写真の石は赤みを帯びた**茶色**だが、白色や黄褐色や灰色のものもある。

炭酸ランタンは**腎臓病**の患者に投与される。

ランタンの単体は空気に触れると**黒く変色する。**

ランタンの実験用サンプル

火をつけるとすぐに燃える**金属**。

何に使われているか？

電球型蛍光ランプ

ランタンを利用して、黄色の光を抑えた**蛍光灯**。

溶融ランタン

溶かしたランタンで加工前のダイヤモンドをなめらかにする。

カメラのレンズ

酸化ランタンを添加したガラスでできている**レンズ**。被写体により多くの光を集める。

ランタンという名前は古代ギリシャ語の「潜む」に由来しますが、実はランタンは金属のなかでも豊富な元素で、たとえば鉛の3倍も地球上に存在します。ランタンは1839年にセル石という鉱物から発見されました。ところが、ランタン金属を取りだす方法が見つかるまではさらに100年かかりました。現在、**ランタンの単体**は**バストネス石**から取りだされています。ランタンは、映画スタジオの照明や**レンズの原料**から石油精製まで幅広く利用されています。

58 Ce セリウム Cerium

⊖ 58　⊕ 58　◯ 82
状態：固体
発見：1803年

セリウムは最初に発見されたランタノイド系元素です。この元素が見つかる2年前に発見されていた小惑星ケレスにちなんで名前がつけられました。セリウムは、**単体**ではとても毒性が強いのですが化合物は安全なので、用途がいくつかあります。セリウムはおもに、さまざまな色の光を放つ化学物質である蛍光体の原料に使われます。蛍光体は**薄型テレビ**や電球に利用されています。

テレビ

スクリーンの内部には、セリウムを含む蛍光体が塗られていて、赤、緑、青の光を放つ。

セリウム単体の実験用サンプル

セリウムの単体は空気に触れると灰色に変色する。

フライ返し

赤色顔料の原料は硫化セリウム。

ランタノイド

---

59 Pr プラセオジム Praseodymium

⊖ 59　⊕ 59　◯ 82
状態：固体
発見：1885年

プラセオジムの単体は、空気中の酸素との反応を避けるために鉱物油に浸して保存される。

名前の「プラセオ」は、ギリシャ語で「緑」を意味するprasinosに由来します。プラセオジムの単体は灰色ですが、空気に触れるとゆっくり反応して緑色を帯びてきます。プラセオジム化合物は、黄色の顔料としてガラスや耐熱性**陶磁器**に使われます。また緑色を出すために、プラセオジム化合物を**人工宝石**に加えることもあります。プラセオジムを含む磁石は、たいへん頑丈です。

プラセオジムの実験用サンプル

陶磁器製の黄色い鍋

黄色顔料の原料はプラセオジムを含む溶液。

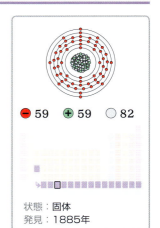

緑色のキュービックジルコニア

プラセオジムと酸素の化合物を少量加えた**人工宝石**。緑色に輝く。

60 Nd ネオジム Neodymium

ネオジムでできた強力な磁石は、磁石本体の数千倍の重さの物をもちあげることができます。ネオジムは、オーストリアの化学者カール・アウア・フォン・ヴェルスバッハによって1885年に発見されました。**ガラス**の原料にほんの少量のネオジムを加えるとピンク色を帯びた紫色になり、発見当初はガラスの着色剤として使われました。現在は目の病気のレーザー治療にも利用されています。

⊖ 60 ⊕ 60 ○ 84

状態：固体
発見：1885年

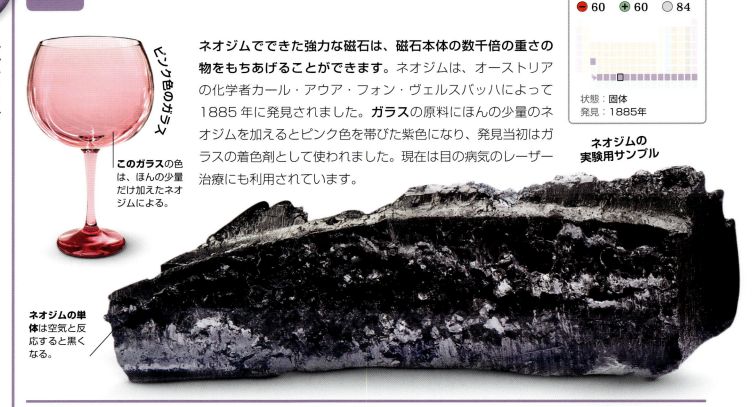

ピンク色のガラス

このガラスの色は、ほんの少量だけ加えたネオジムによる。

ネオジムの単体は空気と反応すると黒くなる。

ネオジムの実験用サンプル

61 Pm プロメチウム Promethium

⊖ 61 ⊕ 61 ○ 84

状態：固体
発見：1945年

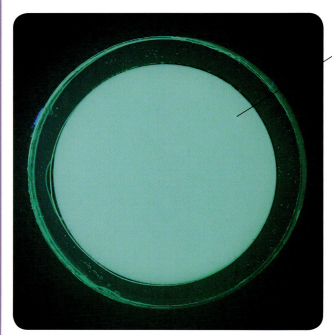

プロメチウム夜光塗料の入った缶
（上から撮影）

プロメチウムの放つ放射線を利用して光る**塗料**。

放射性プロメチウムを電源にして飛行する**ミサイル**。

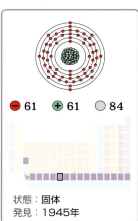

ミサイル

プロメチウムは天然に存在するランタノイド系元素のなかでもっとも少ない元素です。かつて岩石に含まれていたプロメチウムは、人類が誕生するずっと前に崩壊してしまったからです。現在、プロメチウムは原子炉で人工的につくられています。プロメチウムは放射性元素です。プロメチウムの放出する放射線エネルギーを利用して電気エネルギーを得る**ミサイル**もあります。プロメチウムを添加した**塗料**は暗闇で光ります。

62 Sm サマリウム Samarium

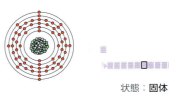

⊖ 62　⊕ 62　○ 88
状態：固体
発見：1879年

サマリウムという名前は、サマリウムをはじめて取りだした鉱物がサマルスキー石だったことからつけられました。現在、サマリウムはおもに、ランタノイド系元素を多く含むモナズ石から取りだされています。サマリウムとコバルトでできた永久磁石は**エレキギター**によく使われます。

エレキギター

ピックアップ装置（弦の振動を電気信号に変える装置）にはサマリウム-コバルト磁石が使われている。

銀白色の金属だが、空気に触れると黒く変色する。

サマリウムの実験用サンプル

63 Eu ユウロピウム Europium

⊖ 63　⊕ 63　○ 89
状態：固体
発見：1901年

ユウロピウムという名前はヨーロッパ大陸にちなんでつけられましたが、ユウロピウムのおもな産地はアメリカと中国です。**ユウロピウムの単体**はバストネス石から取りだされます。酸化ユウロピウムが、ユーロ紙幣と**イギリスのポンド紙幣**に使われています。酸化ユウロピウムに紫外線をあてると赤い光を放ちます。

ユウロピウムの実験用サンプル

黄色を帯びた金属結晶。色の濃い部分は酸化している。

模様が浮かびあがるのが本物の証拠。

紫外線を照射したイギリスのポンド紙幣

64 Gd ガドリニウム Gadolinium

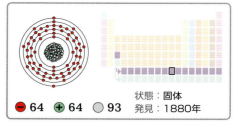

⊖ 64　⊕ 64　○ 93　状態：固体　発見：1880年

ガドリニウムと、それを含む鉱石ガドリナイトの名前は、ヨハン・ガドリンの功績を称えてつけられました。ガドリンはガドリナイトを最初に発見したフィンランドの化学者です。**MRI検査**でガドリニウム化合物を使うと、画像が見やすくなります。また、ガドリニウムは電子機器にも利用されます。鋼鉄にガドリニウムを加えるとさびにくくなります。

ランタノイド

- **柔らかい、銀色の金属。**空気に触れると黒く変色する。
- ガドリニウムの実験用サンプル
- ガドリン石（ガドリナイト）
- ガドリニウムをほんのわずかに含む**鉱物**。
- ガドリニウム化合物を患者の血管に注射して撮影した**MRI画像**。脳の様子がはっきりと見える。

脳のMRI画像

65 Tb テルビウム Terbium

⊖ 65　⊕ 65　○ 94　状態：固体　発見：1843年

テルビウムという名前は、スウェーデンにあるイッテルビー村からつけられました。テルビウムはモナズ石から取りだされる銀色の金属です。テルビウムの用途は多くありません。テルビウムの**単体**を他の金属と組み合わせた強力磁石は、**SoundBug**™などの小型装置に使われます。テルビウム化合物は**水銀灯**のガラスの内側に塗られています。

SoundBug™ — 振動を伝えることで窓ガラスなどの平らな面をスピーカーに変える**小型装置**。テルビウムを添加した磁石を利用している。

- **テルビウム単体**はナイフで切れるほど柔らかい金属。
- テルビウムの実験用サンプル
- 球内の水銀蒸気に電流が流れて放射された紫外線が、テルビウムによって黄色の光に変えられる。
- 水銀灯

66 Dy ジスプロシウム Dysprosium

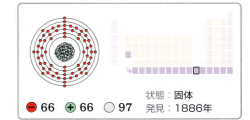

● 66 ● 66 ○ 97　状態：固体　発見：1886年

ジスプロシウムはランタノイド系金属のなかでは比較的簡単に**空気や水と反応します**。発見されたのは1886年でしたが、単体が取りだされたのは1950年代になってからでした。ジスプロシウムはネオジム磁石によく加えられます。ジスプロシウムを使ったネオジム磁石は**自動車のモーター**や風力タービン、発電機に利用されます。

フェルグソン石（フェルグソナイト）

ジスプロシウムをほんの少量だけ含む**鉱物**。

ジスプロシウム単体は室温でも輝きを失わない金属。

かつて**ハイブリッド自動車のモーター**に使われていたが、今ではジスプロシウムを使わないモーターの開発が進んでいる。

ジスプロシウムの実験用サンプル　　　ハイブリッド自動車のモーター

67 Ho ホルミウム Holmium

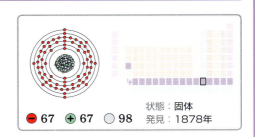

● 67 ● 67 ○ 98　状態：固体　発見：1878年

ホルミウムという名前は、スウェーデンの化学者ペール・テオドール・クレーベによって、スウェーデンの都市ストックホルムにちなんでつけられました。**ホルミウムの単体**は強い磁場をつくるので、磁石に利用されます。ホルミウム化合物は**キュービックジルコニア**などの人工宝石やガラスの着色剤として、またレーザーなどにも利用されています。

ホルミウムをほんの少量だけ加えて赤色をつけた**人工宝石**。

銀色の明るい輝き。

赤色のキュービックジルコニア

ホルミウムの実験用サンプル

68 Er エルビウム Erbium

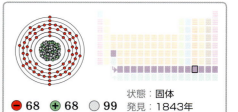

状態：固体
● 68　● 68　○ 99　発見：1843年

エルビウムの実験用サンプル

銀色だが、空気に触れると輝きを失う。

レンズに含まれるエルビウムが、溶接の熱とまぶしい光から目を守ってくれる。

溶接用メガネ

釉薬に含まれる塩化エルビウムの効果で、**きれいなローズピンク色**に仕上がっている。

ピンク色の陶器

テルビウムやイッテルビウムと同じくエルビウムの名前も、発見場所に近いスウェーデンのイッテルビー村からつけられました。エルビウムの**単体**は天然には存在せず、モナズ石から取りだされます。エルビウム化合物にはピンク色のものが多く、**陶器**やガラスの着色剤に利用されます。

69 Tm ツリウム Thulium

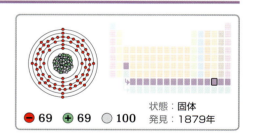

状態：固体
● 69　● 69　○ 100　発見：1879年

ツリウムの実験用サンプル

微量のツリウムを利用してエックス線をだす**装置**。

柔らかい金属。紫外線をあてると青色に光る。

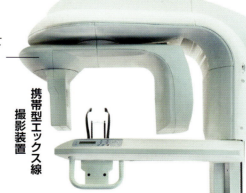

携帯型エックス線撮影装置

ツリウムはランタノイド系金属のなかでもっとも**希少な元素**です。傷ついた組織を切除する手術では、ツリウムを利用したレーザーが使われます。ツリウムの放射性同位体はエックス線を放出するので、**携帯型エックス線撮影装置**に利用されます。

70 Yb イッテルビウム Ytterbium

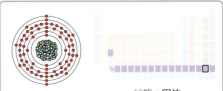

状態：固体
⊖ 70　⊕ 70　○ 103
発見：1878年

イッテルビウムはランタノイド系元素のなかでもっとも反応しやすい元素なので、空気との反応を防ぐために密封容器で保存されます。**イッテルビウム単体**の使い道は限られていて、鋼鉄に少量混ぜられることがある程度です。化合物は**レーザー**に利用されます。

レーザー切断機

イッテルビウムレーザーは鉄やプラスチックを自在に切断できる。

まばゆい光沢をもつ金属。たたくと薄く広がる。

イッテルビウムの実験用サンプル

ランタノイド

71 Lu ルテチウム Lutetium

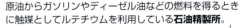

状態：固体
⊖ 71　⊕ 71　○ 104
発見：1907年

ルテチウムの実験用サンプル

原油からガソリンやディーゼル油などの燃料を得るときに触媒としてルテチウムを利用している**石油精製所**。

石油精製所

ランタノイド系金属のなかでもっとも硬く高密度の**元素**。

ルテチウムは希土類金属のなかで最後に発見された元素であり、ランタノイド系列の最後に位置する元素でもあります。ルテチウムの**単体**はとても反応しやすく、一瞬で火がつきます。希少な元素で用途も少なく、おもに**原油**を精製するときに利用されます。

このウラン（U）の標本は、原子力関連施設からでた核廃棄物。

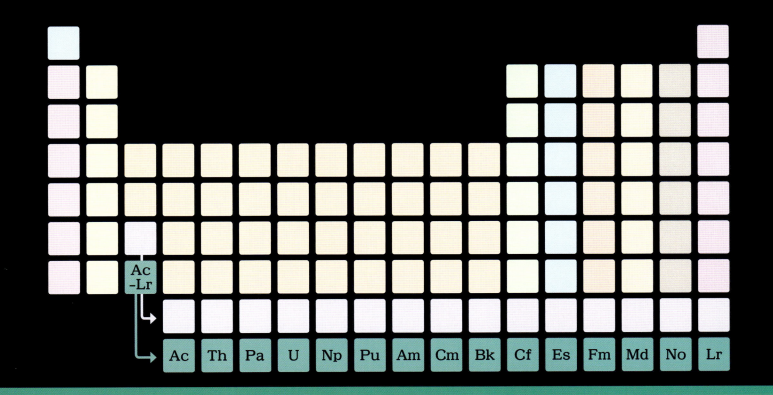

アクチノイド Actinides

アクチノイドという名前は、このグループ最初の元素アクチニウムに由来します。アクチノイド系元素は、周期表ではアルカリ土類金属のラジウム（Ra）と遷移金属のラザホージウム（Rf）とのあいだに入りますが、スペースの都合により、表の一番下にはみだして書かれています。アクチノイド系元素はすべて放射能をもっています。原子番号が95以降の元素9種類はすべて実験室で人工的につくられました。

原子の構造
アクチノイド系元素の最外殻電子は2個。七つの電子殻をもつ。

物理的性質
天然に存在するアクチノイド系元素は融点の高い、高密度の金属。人工のアクチノイド系元素に関する物理的性質は、まだよくわかっていない。

化学的性質
アクチノイド系元素は反応性の高い金属。天然に単体は存在しない。空気やハロゲン元素、硫黄（S）と反応しやすい。

化合物
ハロゲンと結合して色鮮やかな化合物をつくる。アクチノイド系元素の鉱石の多くは、酸素（O）との化合物（酸化物）を含む。

89 Ac アクチニウム Actinium

アクチノイド

● 89　＋ 89　● 138　状態：固体　発見：1899年

燐灰ウラン石（オトゥーナイト）
紫外線をあてると明るく輝く**放射性鉱物**。

燐銅ウラン石
ウランを含む**鉱石**。ウランが崩壊するとアクチニウムになる。

アクチニウムの放射性同位体を利用したセンサーで、水分量を測る**装置**。

中性子式水分計

アクチニウムは天然にはあまり存在しない金属で、おもに他の放射性元素が崩壊して生成します。アクチニウム原子は不安定なため、崩壊してフランシウムやラドンになります。アクチニウムは**燐銅ウラン石**などウラン鉱石の中に少量だけ含まれます。使い道はほとんどなく、アクチニウムの同位体ががんの放射線療法に利用されている程度です。

90 Th トリウム Thorium

● 90　＋ 90　● 142　状態：固体　発見：1829年

モナズ石（モナザイト）

トリウムは天然にもっとも多く存在する放射性金属です。**真空管ではトリウムを利用して電流を発生させます。**トリウム原子は二つに分裂しエネルギーを放出する核分裂も起こします。現在、トリウムを燃料にした発電用原子炉が開発されているところです。

溶岩が固まってできた**耐摩耗性の高い鉱物**。トリウムを12％含む。

トリアン石（トリアナイト）
トリウム化合物の結晶を少量だけ含む**鉱石**。

電極表面のトリウムの層が電子を放射することによって電流が生じる。

真空管

91 Pa プロトアクチニウム Protactinium

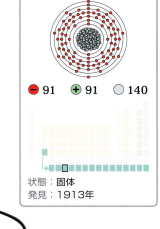

状態：固体
発見：1913年

アクチノイド

プロトアクチニウムをほんの少量だけ含む、**鮮やかな緑色の放射性鉱物**。

もろくて、ガラスのような輝きを放つ鉱石。すべすべした触感。

試料がだす放射線を測定する**ガイガーカウンター**。

プロトアクチニウムを含む試料が入っている。

プロトアクチニウム計測

プロトアクチニウムという名前は「アクチニウムの前」**という意味です**。ウラン原子が崩壊してプロトアクチニウム原子になり、さらに続けて崩壊してアクチニウム原子になるからです。古代の砂や泥にはプロトアクチニウムがほんの少量だけ含まれています。地質学者は砂に含まれるプロトアクチニウムをガイガーカウンターで計測して、いつごろできた砂か、年代を**算出**します。

使用済み核燃料棒はプロトアクチニウムを含む。

燐銅ウラン石（トーバーナイト）

核廃棄物

アクチノイド

92 U ウラン Uranium

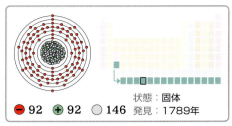
状態：固体
● 92 ⊕ 92 ○ 146　発見：1789年

ウランという名前は、太陽系の惑星「天王星（ウラヌス）」からつけられました。ウランははじめて発見された放射性元素です。20世紀のはじめには、**ガラス製品**の着色剤にウランが使われていましたが、後にウランには強い毒性のあることがわかりました。不安定な同位体ウラン235は、原子炉の燃料や原子爆弾に利用されます。

塊状のウラン単体

このウラン単体のサンプルは原子炉関連施設からでた核廃棄物。

黒い部分にウランの主要な原料、二酸化ウランが含まれる。

閃ウラン鉱（ウラニナイト）

ウランを加えたガラスでできているので、紫外線をあてると緑色に明るく光る。

ガラス製の器

93 Np ネプツニウム Neptunium

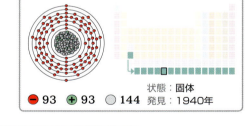
状態：固体
● 93 ⊕ 93 ○ 144　発見：1940年

閃ウラン鉱に含まれる**放射性元素**が崩壊してネプツニウムになる。

閃ウラン鉱（ウラニナイト）

1938年につくられた**サイクロトロン**。この装置でネプツニウムが発見された。

アメリカ・カリフォルニア大学バークレー校にあったサイクロトロン

ネプツニウムは、周期表ではウランの隣にあります。元素名は「海王星（ネプチューン）」からつけられました。ネプツニウムは、エシナイトなどの放射性鉱物中にほんのわずかに存在します。ネプツニウムは核爆発でも生成します。ネプツニウムの存在は、**サイクロトロン**という装置の中ではじめて確認されました。一般的な利用例はありません。

94 Pu プルトニウム Plutonium

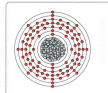

⊖ 94　⊕ 94　○ 145　状態：固体　発見：1940年

プルトニウムは、天然にはほとんど存在しません。地球が誕生してから現在までのあいだに大半のプルトニウムは崩壊し、他の元素になってしまったからです。プルトニウムは第二次世界大戦のさなか、核爆弾の開発中に発見されました。現在、プルトニウムはおもに核燃料に使われています。

閃ウラン鉱（ウラニナイト）

ごくわずかにプルトニウムを含む鉱石。

初期のペースメーカーで使われていた**プルトニウム電池**。

1970年代のペースメーカーの電池

キュリオシティは、プルトニウムの放出する熱を利用して電力を得る。

火星探査機キュリオシティ

---

95 Am アメリシウム Americium

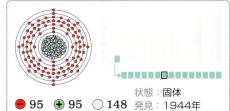

⊖ 95　⊕ 95　○ 148　状態：固体　発見：1944年

アメリシウムは天然には存在しない**金属元素**で、原子炉内でウランまたはプルトニウム原子に中性子を衝突させてつくられます。意外なことにアメリシウムは家庭でもっとも使われている放射性元素です。アメリシウムは**煙検知器**の内部で放射線をだし、空気の分子に作用して電流を発生させます。煙が検知器の中に入ってくると電流が弱まり、警報がなるというしくみです（注：日本ではこの種の煙検知器はほとんど流通していません）。

煙検知器の部品

この煙検知器はごく少量、害のない程度のアメリシウムを含む。

アクチノイド

96 Cm キュリウム Curium

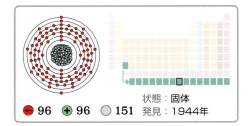
● 96　⊕ 96　○ 151　状態：固体　発見：1944年

チュリュモフ・ゲラシメンコ彗星に着陸して地表の組成を調べている**無人探査機**。

彗星着陸機フィラエ

キュリウムは銀色の放射性金属で、暗がりでは赤みを帯びた紫色に光ります。キュリウムはアメリカ・カリフォルニア大学の科学者グレン・T・シーボーグによって発見されました。キュリウムという名前は、ポロニウムを発見した科学者**マリー・キュリー**からつけられました。彗星に着陸した**フィラエ**などの宇宙探査機は、調査のために、キュリウムを含むエックス線分光計を搭載しています。

研究室で実験中のマリー・キュリー

97 Bk バークリウム Berkelium

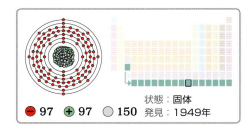
● 97　⊕ 97　○ 150　状態：固体　発見：1949年

バークリウムという名前は、カリフォルニア大学のあるバークレーという地名からつけられました。バークリウムはカリフォルニア大学で発見された人工元素です。バークリウムをはじめてつくったのは**グレン・T・シーボーグ**です。バークリウムは、テネシンなどさらに重い元素を合成するほかに使い道はありません。

アメリカのカリフォルニア大学バークレー校

シーボーグは原爆開発にかかわったが、第二次世界大戦での**使用には反対**した。

グレン・T・シーボーグ

98 Cf カリホルニウム Californium

水分計

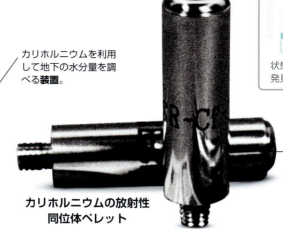

カリホルニウムを利用して地下の水分量を調べる**装置**。

カリホルニウムの放射性同位体ペレット

このカリホルニウムの同位体は大量の中性子を放出する。

● 98　⊕ 98　○ 153
状態：固体
発見：1950年

カリホルニウムという名前はアメリカ・カリフォルニア州からつけられました。カリホルニウムは銀色で柔らかい金属です。天然には存在せず、粒子加速器（原子どうしを衝突させる装置）の中でバークリウム原子に中性子を衝突させてつくられます。カリホルニウムはがんの治療にも利用される**放射性元素**です。

99 Es アインスタイニウム Einsteinium

研究室のアインシュタイン

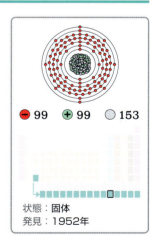

アインスタイニウムは**毎年数ミリグラム**製造されている。

● 99　⊕ 99　○ 153
状態：固体
発見：1952年

アインスタイニウムは、1952年に行われた世界初の水爆実験のあとに地上に降り注いだ化合物の中から発見されました。巨大な爆発によって小さな原子どうしが融合して、アインスタイニウムなどの大きな原子ができたのです。元素の名前はドイツ生まれの偉大な科学者**アルバート・アインシュタイン**にちなみます。アインスタイニウムは銀色の放射性金属で、暗闇では青く光ります。メンデレビウムなど、より重い元素をつくるためにだけ使われます。

アクチノイド

100 Fm フェルミウム Fermium

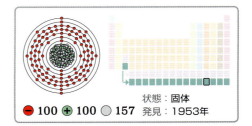
- 100 + 100 ○ 157　状態：固体　発見：1953年

フェルミウムは、イタリアの科学者エンリコ・フェルミにちなんで名づけられた人工元素です。アメリカではフェルミが1942年に完成させた世界初の原子炉を皮切りにして核兵器開発が進められました。フェルミウムは水爆実験のあとに地上に降り積もったちりの中から、1953年にはじめて確認されました。不安定な元素のため、研究以外の使い道はありません。

フェルミを"原子力の父"とたたえる科学者もいる。

エンリコ・フェルミ

101 Md メンデレビウム Mendelevium

- 101 + 101 ○ 157　状態：固体　発見：1955年

ドミトリ・メンデレーエフ

メンデレーエフの周期表

元素を縦と横に並べる規則が記されている、1869年のメンデレーエフのノート。

メンデレビウムという名前は、周期表を発明したロシアの化学者ドミトリ・メンデレーエフからつけられました。粒子加速器（原子どうしを衝突させる装置）の中でアインスタイニウム原子とヘリウム原子を衝突させると、メンデレビウム原子がほんの少量だけ生まれます。

102 No ノーベリウム Nobelium

状態：固体
⊖ 102 ⊕ 102 ○ 157　発見：1963年

（左から）アルバート・ギオルソ、トールビョルン・シックランド、ジョン・R・ワルトン

ノーベリウムは、スウェーデンの化学者でありノーベル賞の提唱者であるアルフレッド・ノーベルにちなんで名づけられた人工金属です。ノーベリウムは、1963年にアメリカ・カリフォルニアで発見されました。アルバート・ギオルソ、トールビョルン・シックランド、ジョン・R・ワルトンを中心とした研究チームは粒子加速器を使い、キュリウム原子に炭素原子を衝突させてノーベリウム原子をつくりましたが、数分もしないうちに崩壊しました。

103 Lr ローレンシウム Lawrencium

⊖ 103 ⊕ 103 ○ 163

状態：固体
発見：1965年

アーネスト・ローレンスが立ち上げたバークレーの研究所でローレンシウムはつくられた。

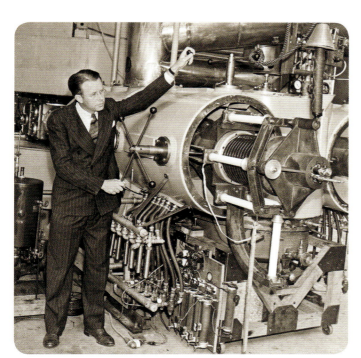

初期のサイクロトロン

ローレンシウムという名前は、粒子加速器の一種であるサイクロトロンを発明したアメリカの科学者アーネスト・ローレンスからつけられました。サイクロトロンとは、原子を衝突させる際に、円形の軌道にそって原子を加速する装置です。ローレンシウム原子は、サイクロトロンに似た装置（線形加速器）の中でカリホルニウム原子にホウ素原子を衝突させてつくられました。

アクチノイド

ガリウム（Ga）の単体は29℃で液体になる。

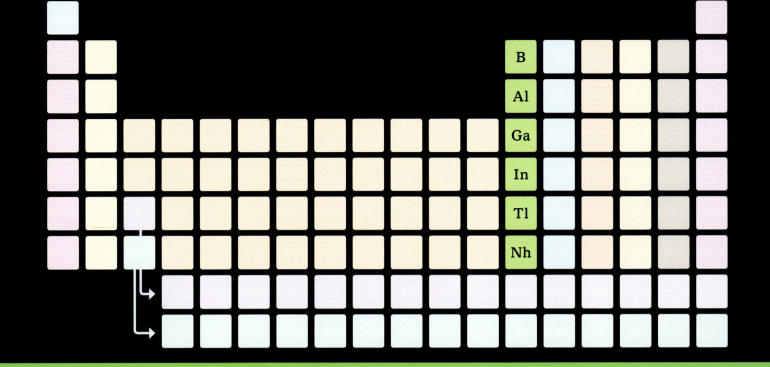

ホウ素族　The Boron Group

ホウ素族には、天然に存在する5種類の元素と、人工元素であるニホニウム（Nh）が含まれます。他の元素と反応しにくいのがホウ素族の特徴ですが、天然に単体の姿では存在していません。ホウ素族1番目の元素、ホウ素（B）は金属と非金属の性質をあわせもつ半金属元素で、そのほかの元素は金属です。2番目の元素、アルミニウムは地球の岩石中にもっとも多く含まれる金属元素です。

原子の構造
ホウ素族元素の最外殻電子は3個。ホウ素族元素のいくつかは不安定な同

物理的性質
ホウ素以外のホウ素族元素はいずれも光沢がある固体で、柔らかい。ホウ素はもっ

化学的性質
ほとんどのホウ素族元素は水とは反応しないが、酸素と反応して酸化物をつくる。アルミ

化合物
ホウ素族元素は、電子を失って他の元素と化合物をつくる。どのホウ素族元素も酸

5 B ホウ素 Boron

状態：固体　発見：1808年

ホウ素族

どのような姿か？

曹灰硼石（ウレキサイト）
干上がった湖で産出する**半透明の鉱物**。通称をテレビ石という。

カーン石（カーナイト）
無色の鉱物。ナトリウムとホウ素の化合物からできている。

ホウ素の実験用サンプル
濃い色で、かすかに**輝く**。

トウモロコシ
ホウ素を十分にとりこんで育ったトウモロコシ。
ホウ素不足は生育不良を引き起こす。

コールマン石（コールマナイト）

ホウ素化合物には、人工の化合物のなかでトップを争うほど硬いものがあり、その硬さはダイヤモンドに次ぐほどです。ホウ素はとても硬い物質ですが、炭素や窒素と化合物をつくるとさらに硬くなります。**ホウ素の単体**は曹灰硼石や**カーン石**などさまざまな鉱物から取りだされます。ホウ素の需要がとても高かった時代には、ホウ素鉱山で働くためにアメリカの酷暑地域**デスバレー**に移り住む人が相次ぎました。植物が健康に生育するためには土壌中にホウ素化合物が必要です。私たちの身近なところでもホウ素は利用されています。

この灼熱の砂漠はホウ素の主要な産地のひとつ。

アメリカ・デスバレー

何に使われているか？

計量カップ

酸化ホウ素を加えた**強化ガラス**。

テナールとゲイ=リュサック

ホウ砂（ホウ酸ナトリウム）は1,000年前からすでに使われていました。1808年、フランスのジョセフ・ルイ・ゲイ=リュサックとルイ・ジャック・テナールが、ホウ砂をカリウムと一緒に加熱してホウ素の単体を取りだしました。

ルイ・ジャック・テナール
貧しい家庭に生まれたテナールは優れた科学者だった。過酸化水素という化合物も発見した。

ジョセフ・ルイ・ゲイ=リュサック
温度が上がると気体の圧力が高くなる法則を発見したことでも有名な、フランスの化学者。

ホウ素族

針や葉のかたちをした結晶。

ホウ酸

ホウ酸ナトリウムからつくられた、**白い結晶**。

ホウ素を含むため、弾力がありながらも硬い**粘土**。

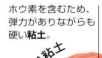

工芸用粘土

液晶画面

この画面はホウ素を多く含むガラスでできているので、傷つきにくい。

炭化ホウ素は世界で**もっとも硬い**素材のひとつ。

車体を防護する部分にはホウ素と炭素の化合物、炭化ホウ素が使われている。

戦車

計量カップなど耐熱性の丈夫なガラス製品はホウ素で強化されています。**ホウ酸**には殺菌作用があるため、昔は天然の消毒薬として、軽い切り傷やすり傷の治療に用いられていました。テレビやノートパソコンでは薄い**液晶画面**を強化するために、ホウ素を含むガラス繊維でできた柔らかい基板が使われます。**工芸用粘土**やスライムの原料にもホウ素化合物を使うことがあります。ホウ素の英名boronは、洗剤にも使われる砕けやすい塩のような物質ホウ砂（borax）からつけられました。殺虫剤から**戦車**に取りつける部品（装甲）まで、ホウ素の用途は多様です。

13 Al アルミニウム Aluminium

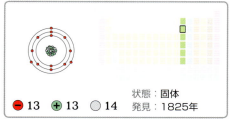

状態：固体
発見：1825年

どのような姿か？

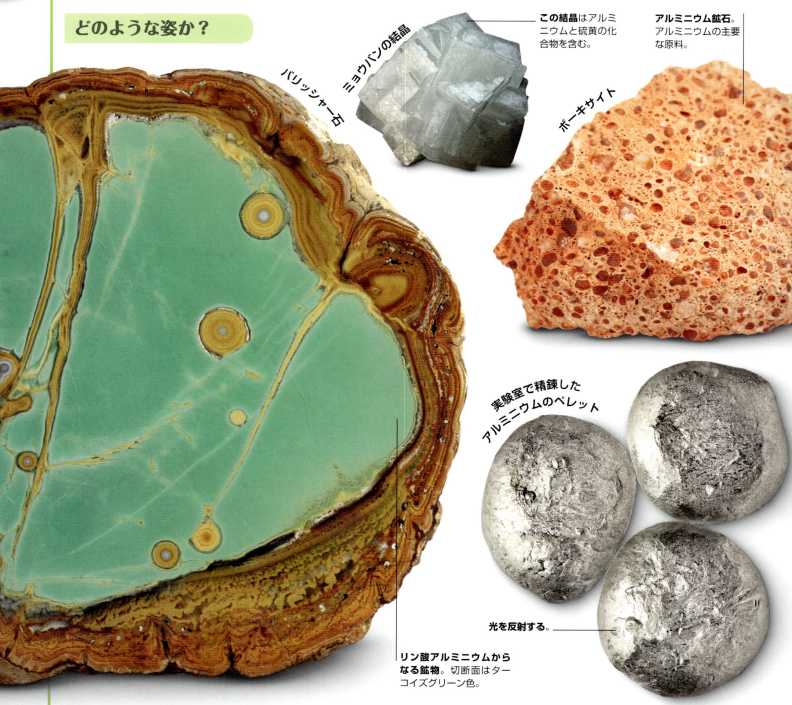

- **この結晶**はアルミニウムと硫黄の化合物を含む。（ミョウバンの結晶）
- **アルミニウム鉱石**。アルミニウムの主要な原料。（ボーキサイト）
- バリッシャー石
- 実験室で精錬したアルミニウムのペレット
- 光を反射する。
- リン酸アルミニウムからなる鉱物。切断面はターコイズグリーン色。

アルミニウムは地球の岩石にもっとも多く含まれる金属ですが、科学者が発見したのは1800年代初頭でした。それからさらに80年かけてようやく鉱石**ボーキサイト**から**アルミニウムの単体**を大量に取りだす方法が見つかりました。アルミニウムはその他にも**バリッシャー**石をはじめさまざまな鉱物に含まれます。現在、アルミニウムはほぼすべてが再生利用されます。というのもアルミニウムを新たに精錬すると再生時の15倍ものエネルギーが必要となるからです。金属アルミニウムをローラーで延ばすと、光沢のある丈夫な**箔（ホイル）**になり

何に使われているか？

テニスラケット — アルミニウム製のフレームはとても軽い。

このアルミホイルは曲げたり、ねじったりしても破れない。

アルミホイル

この防火服は1,000℃まで耐えられる。

防火服

アルミ缶 — このアルミ缶は再生したアルミニウムでできている。

缶1本を**再生**アルミニウムでつくると、テレビ**3時間分**の電気の節約になる。

スマートウォッチ — アルミニウム製のボディでタッチスクリーンを守っている。

送電線 — アルミニウム電線は軽い。

ドームの一部にアルミニウムが使われている。 シンガポールのエスプラネード・シアター

ボーイング737 — 機体のフレームにアルミニウム製の外板が貼られている。

アルミニウムのリサイクル

アルミニウムの精錬には大量の電気エネルギーを必要とするため、アルミニウムはたいてい再生利用されます。飲料用の缶の約90％は、アルミニウムでできています。回収されたアルミ缶は刻んで溶かされ、新しい缶につくり変えられます。

1. 使用済みのアルミ缶を回収する。
2. 押しつぶして小さく固める。
3. 刻んで細かい破片にする。
4. 溶かして大きな塊にまとめる。
5. さらに溶かして鋳型に注ぎ込み、小さな厚板にする。
6. ローラーで延ばして薄い金属板にする。
7. 新しい缶をつくる。

ます。アルミ箔は食品の保存などに利用されます。また、アルミ箔でできた**防火服**は熱を反射します。アルミニウムは鉄に次いで用途の広い金属です。鉄の合金鋼に比べてかなり軽いうえに、同じくらいの強度を誇ります。鋼鉄を使うと自重で壊れてしまうような大きな建造物でも、アルミニウムを使えば問題ありません。シンガポールの**エスプラネード・シアター**は、アルミニウム製の巨大ドームです。アルミニウムは電気をよく通すので、**送電線**にも使われます。強度の高いアルミニウム合金は**ボーイング737**など航空機の部品に使われています。

ホウ素族

タービン翼

この写真は、ジェット機のエンジンに取りつけられているタービンのブレード（羽根・翼）です。曲線を描くブレードは、空気をうまく流すように精密につくられており、十分な強度をもち、高温にも耐えることができます。ブレードに求められる、このような要素を満たす丈夫な金属はいくつかありますが、ほとんどが高密度なため重くなりすぎて、飛行機の素材には向いていません。しかし、この目的にかなう金属が1種類だけ存在します。それがアルミニウムです。

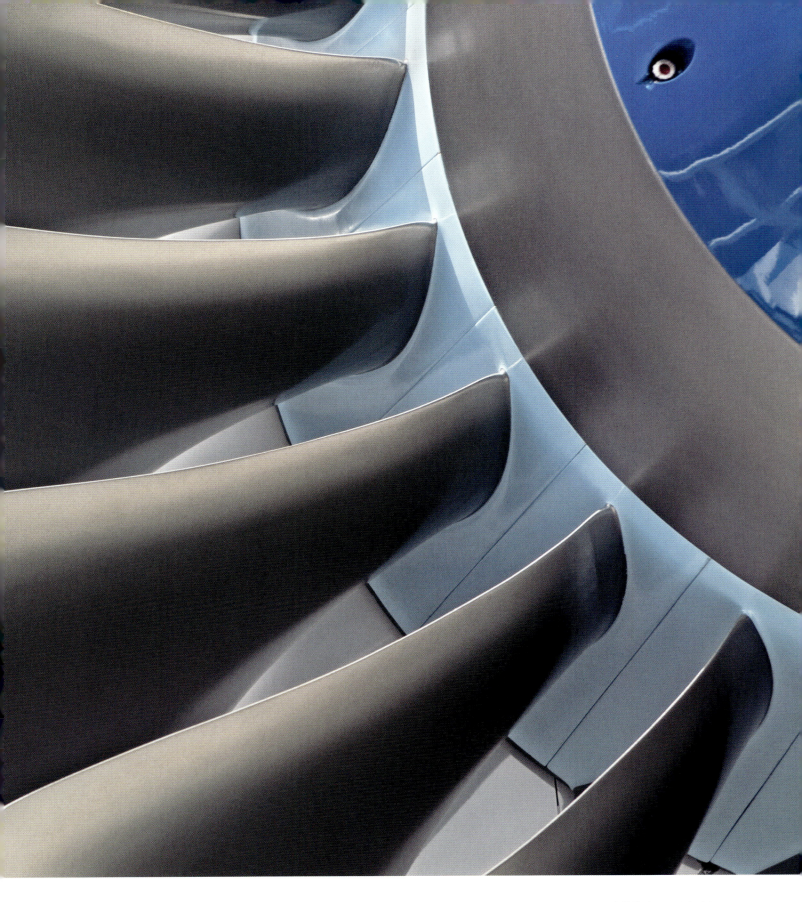

　飛行機の素材にアルミニウムを使うと、高速で長距離を飛行できるようになります。アルミニウムは簡単に成形できるうえに、重さは鋼鉄の4分の1、さびることもありません。鋼鉄のほうが頑丈ですが、鋼鉄製の飛行機は重すぎて飛べません。一方、アルミニウムをチタンや鋼鉄と混ぜた合金は強靭かつ軽量なので、ジェット機のエンジンや機体にぴったりです。地殻には鉄の2倍ものアルミニウムが含まれているので資源にも困りません。アルミニウムを精錬するにはたくさんのエネルギーが必要という欠点がありましたが、この問題は、いったん精錬すれば繰り返し再生して利用できるというアルミニウムの性質によって解決されました。というわけで炭酸飲料の缶が、もとはエンジンのブレードだった、という日が来るのもそれほど遠くないかもしれません。

31 Ga ガリウム Gallium

● 31 ⊕ 31 ◯ 39　状態：固体　発見：1875年

ホウ素族

どのような姿か？

何に使われているか？

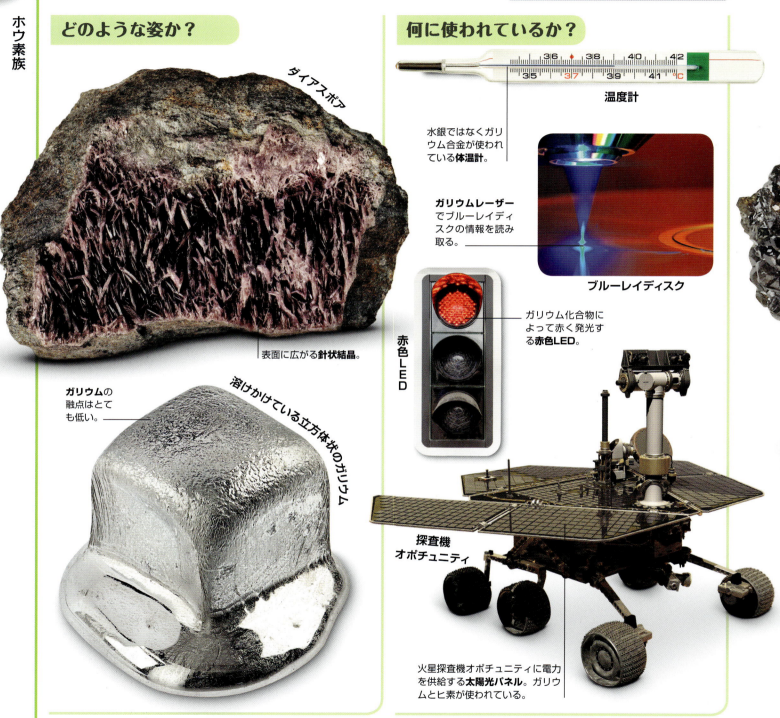

ダイアスポア

表面に広がる針状結晶。

ガリウムの融点はとても低い。

溶けかけている立方体状のガリウム

温度計

水銀ではなくガリウム合金が使われている**体温計**。

ガリウムレーザーでブルーレイディスクの情報を読み取る。

ブルーレイディスク

赤色LED

ガリウム化合物によって赤く発光する**赤色LED**。

探査機オポチュニティ

火星探査機オポチュニティに電力を供給する**太陽光パネル**。ガリウムとヒ素が使われている。

ガリウムはわずか29℃で溶けます。つまり手にもっただけで液体になってしまう金属です。ガリウムは亜鉛の鉱石や、**ダイアスポア**などアルミニウムの鉱石にほんの少量含まれており、**ガリウム単体**はこれらの鉱石から取りだされます。ガリウムにはさまざまな使い道があります。インジウム、スズと混ぜるとガリンスタンという液体合金になります。ガリンスタンは**温度計**に利用されます。**ブルーレイディスク用レーザー**、LED、NASAの火星**探査機**などに積んでいる太陽光パネルにも使われています。

49 In インジウム Indium

状態：固体
● 49 ● 49 ○ 66
発見：1863年

ホウ素族

どのような姿か？

閃亜鉛鉱（スファレライト）

閃亜鉛鉱はインジウムのおもな鉱石。

インジウムを折り曲げると「スズ鳴り」（悲鳴にも似た特有の音）が聞こえる。

実験室で鋳造したインジウム

棒状にしたインジウムはえんぴつの芯くらいに柔らかい。

何に使われているか？

タッチスクリーン

タッチパネルには、細くて透明の酸化インジウムスズ線が網状に配置されている。

溶接用メガネ

目を熱から守るためにインジウムでコーティングした**保護メガネ**。

トランジスタ

酸化インジウムでコーティングしたガラスは太陽光の一部を反射するので鏡のようになる。

トランジスタ内部の**小さな電気スイッチ**。この部品にインジウムが使われている。

建物の窓

インジウムという名前は、インジウム原子に電流を流すと藍色（インディゴ色）の光を放つ性質にちなんでいます。インジウムを含む鉱物はとても少なく、インジウムの多くは鉛鉱石や、**閃亜鉛鉱**などの亜鉛鉱石から取りだされます。**インジウムの単体**はとても柔らかく、工業製品には化合物がよく使われます。たとえば、画面に触れた指を感知する**タッチパネル**は酸化インジウムスズを利用しています。インジウムはマイクロチップにも必要な素材です。熱や反射を防ぐ**溶接メガネ**や**窓ガラス**にも使われます。

81 Tl タリウム Thallium

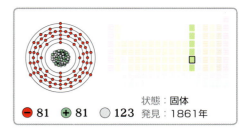

状態：固体
− 81　＋ 81　○ 123　発見：1861年

ホウ素族

どのような姿か？

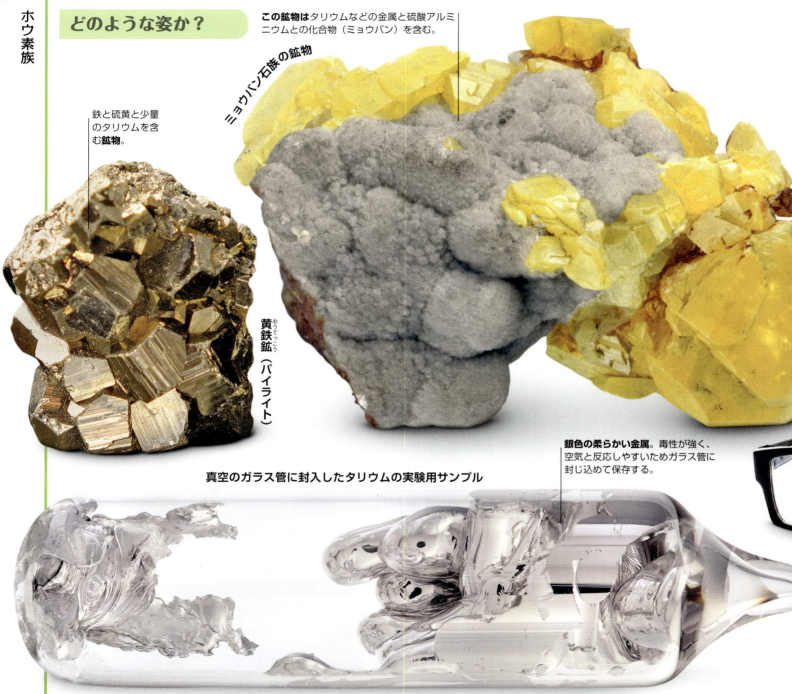

この鉱物はタリウムなどの金属と硫酸アルミニウムとの化合物（ミョウバン）を含む。

ミョウバン石族の鉱物

鉄と硫黄と少量のタリウムを含む**鉱物**。

黄鉄鉱（パイライト）

銀色の柔らかい金属。毒性が強く、空気と反応しやすいためガラス管に封じ込めて保存する。

真空のガラス管に封入したタリウムの実験用サンプル

タリウムは燃やすと明るい緑色の炎をあげます。この炎の色がタリウム元素の発見につながりました。タリウムという名前は、「緑の小枝」を意味するギリシャ語のthallosからつけられました。タリウムを発見したのは化学者ウィリアム・クルックスとクロード・オーギュスト・ラミーです。二人は1861年に、**黄鉄鉱**から強酸をつくった後の残留物の中からそれぞれ同じ分析方法でタリウムを見つけました。タリウムを含む**ミョウバン石族鉱物**もありますが、ほとんどのタリウムは銅や鉛をとるときの副産物として取りだされます。**タリウムの単体**

何に使われているか？

心機能の検査

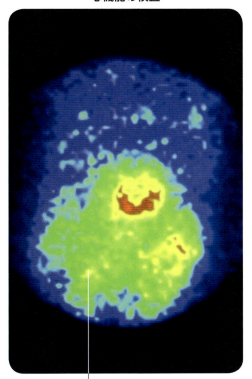

タリウム化合物を注射した血流が写っている、心臓の画像。

メガネ

薄型レンズには、タリウムを加えた屈折率の高いガラスが使われている。

1970年代までタリウムは**殺蟻剤**（アリ用の殺虫剤）として広く使われていた。

には毒性があるので、取り扱いには注意が必要です。塩化タリウムは血液循環を調べる医療用の**画像診断**に使われます。酸化タリウムはガラスの性能を高めるので、**メガネ**やカメラに利用されます。

113 Nh ニホニウム Nihonium

状態：固体
⊖ 113　⊕ 113　◯ 183　発見：2004年

和光市の理化学研究所仁科加速器センターを訪問した
馳 浩 文部科学大臣を案内する、森田浩介（左）

ニホニウムという名前は日本にちなんでつけられました。金属元素ニホニウムの存在は2003年には見つかっていました。原子番号115番の人工元素モスコビウムを調べていた研究チームが、モスコビウム原子がほんの数秒で原子番号113番の原子に崩壊することに気づいたのです。そして2004年7月23日、日本の**理化学研究所仁科加速器研究センター**の森田浩介らの研究グループが、113番元素の合成を確認しました。質量数70の亜鉛（Zn）の原子核を重イオン線形加速器RILACで光速の10％にまで加速し、質量数209のビスマス（Bi）に照射。その結果、ビスマス原子と亜鉛原子が核融合を起こし、質量数278の113番元素が合成されました。

ホウ素族

ガラス状炭素（C）は酸化されにくい。

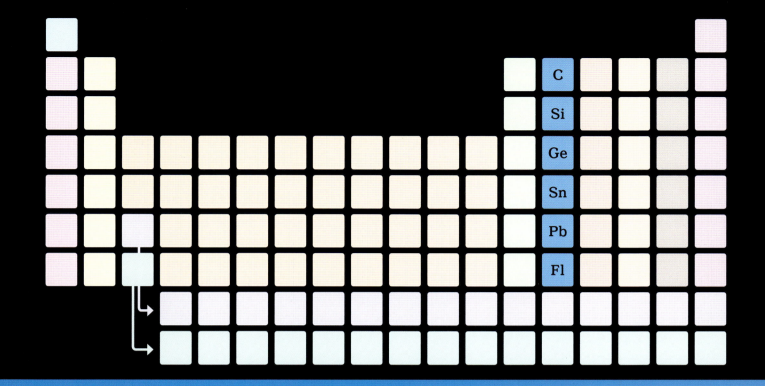

炭素族　The Carbon Group

炭素族には1種類の非金属と、2種類の半金属、3種類の金属が含まれます。非金属の炭素（C）はすべての生き物の中心を担う元素です。半金属のケイ素（Si）とゲルマニウム（Ge）は金属の性質と非金属の性質をもちあわせていて、どちらの元素も電子機器には欠かせません。そして2種類の金属、スズ（Sn）と鉛（Pb）は人類が太古の昔から利用してきた元素です。人工元素であるフレロビウム（Fl）は、使い道がまだわかりません。

原子の構造
炭素族元素の最外殻電子は4個。炭素族の原子は最高で4個の原子と結合できる。

物理的性質
天然に存在する炭素族元素は室温で固体。人工元素のフレロビウム（Fl）も固体の可能性が高いと予測されている。

化学的性質
天然に存在する炭素族元素は水素（H）と反応する。炭素（C）とケイ素（Si）は金属、非金属のいずれとも反応する。

化合物
天然に存在する炭素族元素は水素（H）と反応して水素化物をつくる。化合物をつくるときは最多で4個の電子を失う。

6 C 炭素(たんそ) Carbon

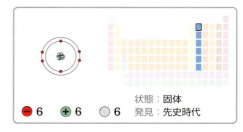

状態：固体
発見：先史時代

炭素族

どのような姿か？

- **石炭**：細かい粒子状の炭素が地下で圧縮されたもの。
- **ガラス状炭素**：ガラスのような輝き。
- **原油**：炭素を多く含む、液状化合物の混合物。
- **ダイヤモンドの原石**：地下深くのマグマの中でできた**無色の結晶**。
- **黒鉛の実験用サンプル**：金属のように輝き、触ると柔らかくつるつるしている。
- **カットを施したダイヤモンド**：ダイヤモンドの輝きは、石の中で光が反射する回数を決めるカット技術に左右される。

炭素ほどたくさんの種類の化合物をつくる元素はありません。その数は、わかっているだけでも900万種類を超えます。炭素は宇宙で4番目に多い元素です。1個の炭素原子は4個の原子と結合できます。つながると鎖や環もつくれます。地球上には、炭素の単体が3種類、黒鉛（グラファイト）、ダイヤモンド、バックミンスターフラーレン（炭素原子が60個つながった構造の物質）として存在します。ダイヤモンドは天然でもっとも硬い物質で、宝石によく利用されます。

刃先をダイヤモンドでコーティングしたのこぎりは、なんでも切れます。ダイヤモンドを切れるのはダイヤモンドだけです。黒鉛はダイヤモンドよりずっと柔らかく、えんぴつの芯や電池に使われています。現在、石炭は最大の発電燃料ですが、石炭の煙は環境や健康に害を及ぼします。原油、天然ガス、石炭は天然に存在する炭化水素（水素と炭素だけからできている化合物）です。炭化水素は燃料として、またポリ袋をはじめとするプラスチック製品の原料としても利用されます。

ピンクダイヤモンド

これは重さわずか3gほどの、スウィート・ジョセフィーヌいう名前の宝石です。この石は、これまで市場に出回ったなかでは最大級のピンクダイヤモンドです。ダイヤモンドは普通、炭素だけでできているので無色ですが、他の物質がほんの少し混入することで色がつきます。たとえばホウ素が混ざると青色のダイヤモンドになります。ところが不思議なことに、ピンクダイヤモンドは不純物を含んでいません。なぜピンク色になるのか、謎はまだ解けていません。

スウィート・ジョセフィーヌは、15億年以上も前に誕生したダイヤモンドの原石から切りだされました。この原石は地下150 kmで生まれたのち、火山の噴火で地表近くに押し上げられ、最終的にはオーストラリアの鉱山で掘りだされました。高い圧力と、1,000℃を超える熱が炭素に加わると、ダイヤモンドが生成します。圧力と熱の作用で炭素原子の並び方が変わり強固な結晶ができることによって、世界でもっとも硬い物質、ダイヤモンドが誕生するのです。また、圧力と熱の作用によって光を曲げる性質ももつようになります。この性質のおかげでダイヤモンドは美しくきらめきます。原石の形を見きわめて絶妙のカットと研磨を施すと、世界中で賞賛される美しい宝石にしあがります。

14 Si ケイ素 Silicon

状態：固体
発見：1824年

炭素族

どのような姿か？

紫水晶（アメシスト）

閃電岩（フルグライト）
石英に富む砂に雷が落ちてできる、**ガラス管状の鉱物**。

ケイ素の実験用サンプル
ケイ素の単体は砕けやすい。

葉の表面が細かい毛でおおわれている。葉に触るとケイ素を含む産毛が折れて皮膚に刺さり、化学物質を放出する。

イラクサ

砂
砂は石英の小さな粒。岩石が砕けてできる。

紫色の石英。紫色になるのは、わずかに含まれる鉄による。

地球上の岩石をつくっている鉱物のおよそ90％がケイ素を含んでいます。ケイ素はありふれた元素です。ケイ素を含む鉱物のほぼすべてが、ケイ素と酸素の化合物を主成分とする珪酸塩鉱物です。もっとも多い珪酸塩鉱物は、二酸化ケイ素（シリカ）からなる石英です。石英は砂の主成分でもあります。石英は花崗岩や砂岩といった岩石の中にまとまって存在し、**紫水晶**も石英の一種です。シリカの一種**オパール**は高価で、宝石として扱われます。**陶磁器**の原料となる粘土もシリカを含んでいます。ケイ素は電子機器に欠かせない重要な原料で、集積回路の基

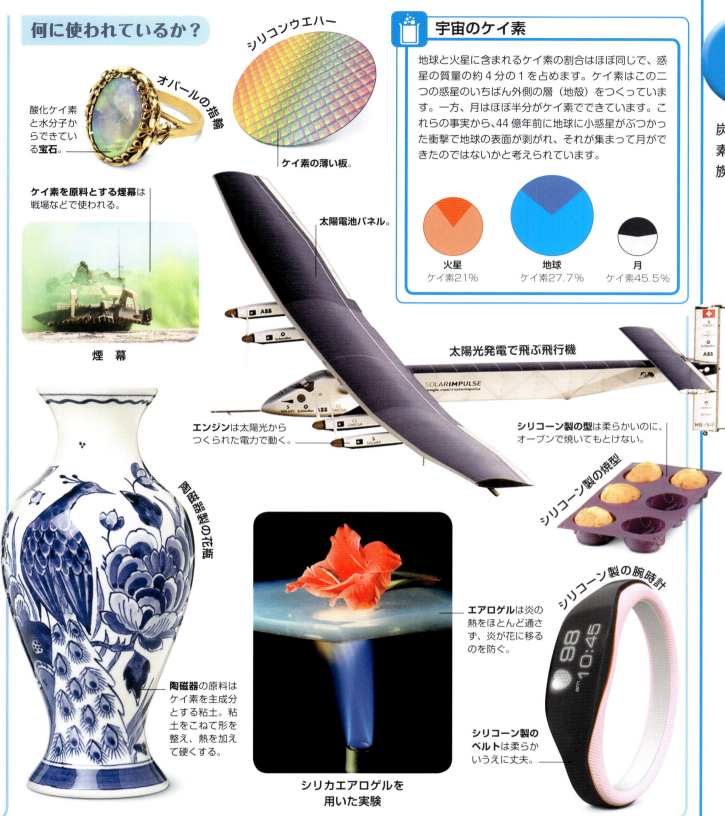

何に使われているか？

オパールの指輪
酸化ケイ素と水分子からできている宝石。

シリコンウエハー
ケイ素の薄い板。

ケイ素を原料とする煙幕は戦場などで使われる。
煙幕

太陽電池パネル。

太陽光発電で飛ぶ飛行機
エンジンは太陽光からつくられた電力で動く。

陶磁器製の花瓶
陶磁器の原料はケイ素を主成分とする粘土。粘土をこねて形を整え、熱を加えて硬くする。

シリカエアロゲルを用いた実験
エアロゲルは炎の熱をほとんど通さず、炎が花に移るのを防ぐ。

シリコーン製の型は柔らかいのに、オーブンで焼いてもとけない。
シリコーン製の焼型

シリコーン製の腕時計
シリコーン製のベルトは柔らかいうえに丈夫。

宇宙のケイ素

地球と火星に含まれるケイ素の割合はほぼ同じで、惑星の質量の約4分の1を占めます。ケイ素はこの二つの惑星のいちばん外側の層（地殻）をつくっています。一方、月はほぼ半分がケイ素でできています。これらの事実から、44億年前に地球に小惑星がぶつかった衝撃で地球の表面が剥がれ、それが集まって月ができたのではないかと考えられています。

火星 ケイ素21%　地球 ケイ素27.7%　月 ケイ素45.5%

炭素族

板となる薄い板（**シリコンウエハー**）はケイ素でできています。ケイ素はその他にもさまざまな分野で利用されています。太陽光のエネルギーを電気エネルギーに変えるソーラーパネル（太陽電池パネル）にも使われます。合成シリカは、軽いけれども丈夫で熱をあまり通さない物質エアロゲルの原料です。**エアロゲル**は防火服に使われ、炎が燃え移るのを防ぎます。シリコーンもケイ素の化合物です。シリコーンはどんな形にも成形できるので、お菓子の**焼き型**から**時計**まで幅広く利用されます。

炭素族

32 Ge ゲルマニウム Germanium

⊖ 32　⊕ 32　○ 41

状態：固体
発見：1886年

どのような姿か？

ゲルマン鉱（ゲルマナイト）
ゲルマニウムを多く含む**硫化鉱物**。

実験室で精錬した円板状のゲルマニウム
ゲルマニウムの単体は金属のような輝きを放つが、もろい。

何に使われているか？

カメラのレンズ
酸化ゲルマニウムを含むガラスを使っているレンズ。屈折率が大きく広い範囲から光を集める。

スマートフォンのマイクロチップ
ケイ素とゲルマニウムでできた**マイクロチップ**。

ゲルマニウムは**木星**の**大気**に含まれる。

衝突防止センサーのついている自動車
ゲルマニウムを利用したセンサーで障害物との距離を測る。

ゲルマニウムという名前はドイツの古いよびかたゲルマニアにちなみます。半金属のゲルマニウムは、1886年に化学者クレメンス・A・ウィンクラーニによってドイツで発見されました。メンデレーエフがこの元素の存在と性質を予言してから、約20年が経っていました。

ゲルマニウムは**ゲルマン鉱**に多く含まれますが、おもに銀、銅、鉛の鉱石から取りだされます。ゲルマニウムの化合物、酸化ゲルマニウムは**カメラの広角レンズ**に利用されます。ゲルマニウムは**マイクロチップ**や、自動車の運転を助ける**センサー機器**にも使われます。

50 Sn スズ Tin

状態：固体
● 50 ● 50 ○ 69　発見：紀元前2100年ごろ

炭素族

どのような姿か？

錫石（キャステライト）

黒色の結晶。色の原因は不純物の鉄。

スズの実験用サンプル

淡い銀色の金属。成形しやすい。

何に使われているか？

スズめっきを施した鋼鉄は腐食しにくい。

じょうろ

輝きを放つ、この合金（ピューター）はスズを約90％含む。

ピューター製の彫像

ティン・ホイッスル

鋼鉄にスズでめっきを施してあり、さびない。

大きなパイプはスズと鉛でできている。

パイプオルガン

スズは人類がはじめて手にした金属のひとつです。5,000年前にはスズと銅を混ぜた青銅がつくられていました。青銅はスズ、銅、それぞれ単独よりも強度の高い合金です。**スズの単体**はおもに錫石という鉱石から取りだされます。スズの用途は幅広いです。鋼鉄にスズめっきをかけたじょうろなどは腐食しにくいです。塩化スズという化合物は絹の染色に利用されます。現代でもスズは**ピューター**（白目）、軟質はんだ、青銅をはじめさまざまな頑丈な合金の原料として使われています。

82 Pb 鉛 (なまり) Lead

状態：固体
⊖82 ⊕82 ○126
発見：古代

炭素族

どのような姿か？

- 茶色の紅鉛鉱（クロコアイト）
- クロム酸鉛を含む、**柔らかくて砕けやすい鉱物**。
- 方鉛鉱（ガレナ）
- 銀色に明るく輝く**鉱物**。
- 鉛と硫黄の化合物を含む硫酸鉛鉱の、**プリズム状の結晶**。
- 硫酸鉛鉱（アングレサイト）

何に使われているか？

- **このクリスタルガラス**は酸化鉛を含むので、普通のガラスよりもまばゆくきらめく。
- 鉛管
- さびに強い管。
- 鉛クリスタルガラス製のコップ

昔は、鉛とスズは見かけは違うけれども**同じ金属**と考えられていた。

鉛の化学記号 Pb は鉛を意味するラテン語の *plumbum* からつけられました。配管工を表す英語 plumber も同じ語源で、古代ローマの水道管がこの柔らかい金属でつくられたことにちなみます。紅鉛鉱、硫酸鉛鉱、方鉛鉱などの鉱物に鉛化合物が含まれていて、**鉛の単体**はおもにこの3種類の鉱物から取りだされます。かつて鉛は塗料、毛髪染料、殺虫剤などの重要な原料として、現在よりも広い用途に使われ、とくに**ガラス製品**には古代から利用されていました。鉛に毒性があることがわかってからは、使われなくなったものもあります。現在は、ダイ

実験室で精錬した短冊状の鉛

鉛の単体はくすんだ灰色。

鉛鉱の下に見える薄い色の結晶はカルシウムを含む鉱物。

114 Fl フレロビウム　Flerovium

⊖ 114　⊕ 114　○ 175　状態：固体　発見：1999

装置の中でカルシウム原子とプルトニウム原子を**衝突**させるとフレロビウム原子ができる。

ロシア・ドゥブナ合同原子核研究所の粒子加速器

ゲオルギー・フリョロフ

フレロビウムという名前はロシアの科学者ゲオルギー・フリョロフからつけられました。フリョロフはロシアのドゥブナに合同原子核研究所を設立し、粒子加速器（原子どうしを衝突させる装置）ではじめてフレロビウムをつくりました。フレロビウムは強い放射能をもち、ほんの数秒だけ存在してすぐに崩壊します。

雨押え

屋根の端の剥き出しになった部分をおおい、雨の侵入を防ぐ鉛の板。

ビングのおもり、車のバッテリー、**雨押え**（雨を防ぐために屋根に取りつける板）に使われます。また鉛は放射線を吸収するので、放射性物質を安全に封じ込めることができます。

炭素族

溶けたビスマス（Bi）をふたたび固めると、骸晶（ホッパークリスタル）という形の結晶ができる。

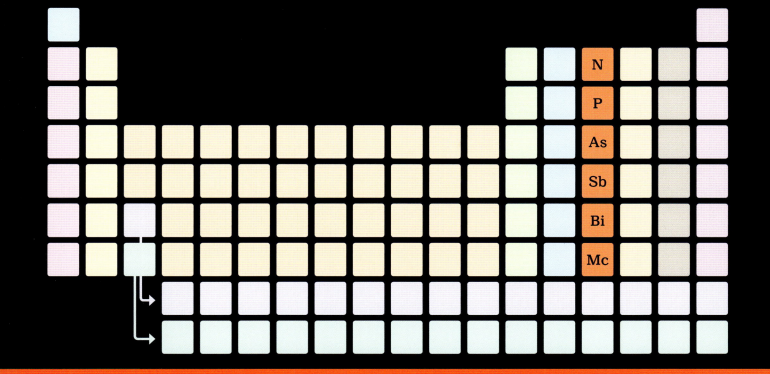

窒素族 The Nitrogen Group

窒素族のグループは、異なる種類の自然元素（非金属元素、半金属元素、高密度の金属元素）と、1種類の人工元素〔モスコビウム（Mc）〕を含みます。このグループは、プニクトゲンとよばれることもあります。プニクトゲンという名前は「窒息する」を意味するギリシャ語の pnigein からつけられました。窒素（N）ガスを吸うと窒息することがあるからです。

原子の構造
最外殻電子は5個。窒素族原子は最大で三つの結合をつくることができる。

物理的性質
窒素（N）以外はすべて固体。周期表の下側の元素ほど密度が高い。ビスマス（Bi）の密度は窒素の8,000倍。

化学的性質
リン（P）はおもに2種類の、性質の異なる物質（同素体）として存在し、反応性が高い。その他の元素はわりと安定している。

化合物
どの原子も水素原子3個と反応して、水素化物という反応性の高い気体をつくる。

7 N 窒素 Nitrogen

状態：気体
発見：1772年

どのような姿か？

ガラス球に封入した窒素

ガラス球に封じ込められた**窒素ガス**。

窒素ガスに電流を流すと紫色の光を放つ。

液体窒素

窒素を−195℃まで冷やすと、**無色透明の液体になる。**

タイタン

大気の98％を窒素が占める、**土星最大の衛星**。

チリ硝石

天然に産出する硝酸ナトリウム。

根粒の顕微鏡画像

植物の根の内部に生息する細菌がつくる**こぶ**。空気中から窒素を取り込み、植物に渡す。

窒素はいつも私たちの周りにあります。というのも地球の大気の約4分の3は窒素ガスだからです。窒素は透明な気体です。窒素の単体は他の物質とあまり反応しないので、血液や組織サンプルなどを凍らせて保存するときには**液体状の窒素（液体窒素）**が使われます。**チリ硝石**は窒素をたくさん含む数少ない鉱物のひとつです。窒素化合物は工業的にも多くつくられ、いろいろな用途に利用されています。たとえば窒素化合物を含む**TNT（トリニトロトルエン）**や**ニトログリセリン**などは爆薬の原料になります。火をつけたとたんに窒素原子の結合が切

何に使われているか？

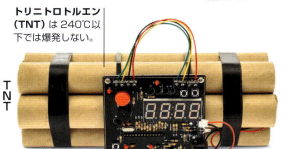

トリニトロトルエン (TNT) は240℃以下では爆発しない。

TNT

フェニックスは12基のスラスターを使って火星に着陸した。

火星探査機フェニックス

心臓の状態を整えるために**ニトログリセリン**が使われる。

ニトログリセリンのスプレー

特別なモータースポーツ用バイクのパワフルなエンジンはニトロメタンで動く。

ドラッグレース用バイク

窒素化合物からなるアゾ染料。繊維の染色によく使われる。

繊維用染料

強力な瞬間接着剤は窒素化合物をほんの少量だけ含む。この窒素化合物には、互いにつながる性質がある。

強力接着剤

硝酸アンモニウムを含む**窒素肥料**。植物の生長を促す。

窒素肥料

窒素の循環

窒素は生き物にとって、なくてはならない物質です。窒素は、地球の大気と生物とのあいだを行き来して繰り返し利用されます。この現象を、窒素循環といいます。

拡 散

1. 稲妻によって空気中の窒素が窒素化合物に変わる。窒素化合物は雨に溶けて、地上に降りてくる。

5. 土の中の窒素化合物を細菌が分解し、窒素ガスにして空気中に放出する。

2. 土や植物の根にすんでいる細菌が、空気中の窒素ガスから窒素化合物をつくる。

3. 動物は食べ物を通して窒素化合物を取り込み、排泄物と一緒に放出する。

4. キノコなどの菌類は枯れた植物や死んだ動物を分解し、含まれていた窒素化合物を土に戻す。

窒素族

れて大きな爆発を起こします。窒素を含む燃料であるニトロメタンは、**ドラッグレース用のバイク**に使われます。炭素と水素だけからなるガソリン燃料よりも大きな出力を得られるからです。ヒドラジンという化合物は、**火星探査機フェニックス**など宇宙船の推進システム（スラスター）に使われました。染料や接着剤に配合される窒素化合物もあります。ハーバー法という合成法を使うと窒素ガスと水素ガスからアンモニアを合成できます。アンモニアは、土に混ぜて植物の生長を促す**窒素肥料**の原料としてよく利用される液体です。

ドラッグレース

一気に加速したドラッグレース用マシンが、ゴールラインを目指してまっすぐなコースを突っ走っていきます。ドラッグレース用マシンの巨大なエンジンは、あらゆる燃料のなかでずば抜けて強力なニトロメタンで動きます。「ニトロ」とも略されるニトロメタンは、一般的な乗用車で使われるガソリン燃料の8倍も効率よく燃焼する、優れた燃料です。この特別な燃料のおかげで、マシンはスタート直後に時速480kmを超えるスピードに到達します。

ニトロメタンは炭素と水素と窒素でできています。このなかでニトロメタンにとてつもない力を与える元素は、窒素です。ドラッグレース用車両の大きなエンジンの内部で酸素とニトロメタンが混ざると燃焼が起こります。するとニトロメタンはとても激しく燃えて分解し、窒素の単体を生じます。この一連の反応によって放出されるエネルギーが、車両を猛烈な速さで前へ押しだすのです。ドラッグレースは、見ているぶんには大迫力のショーですが、窒素の爆発性を考えると、ニトロメタンを自動車のエンジンに入れるのは危険な行為です。ドラッグレースのレーサーたちはリスクを承知のうえで、勝利のゴールを狙って車を走らせるのです。

15 P リン Phosphorus

窒素族

状態：固体
発見：1669年

どのような姿か？

深いリン鉱脈が、太平洋に浮かぶ小さな島の土地80%を占める。

ナウル共和国にあるリンの採掘場

燐灰石（アパタイト）

リンの単体のなかでもっとも多い。

赤リン

白リン

水中では安定な白リン。空気に触れると発火する。

ヒトの頭蓋骨

頭骨をはじめ全身の骨が硬いのは、リン酸カルシウムのおかげ。

紫色の結晶。色の原因は、不純物の金属。

マグロ

リンを豊富に含む魚。

塊状の紫リン

リンの一種。実験室で赤リンを加熱してつくられた。

リンは、ドイツの錬金術師ヘニッヒ・ブラントによって1669年に偶然に発見されました。幻の賢者の石（あらゆる金属を金に変えることができると考えられていた物質）を追い求めていたブラントが、鍋いっぱいの尿を数日かけて煮詰めたところ、光を放つ不思議な物質が残りました。ブラントはこの物質に「光をもたらすもの」を意味するphosphorusと名前をつけました。リンは、発見者が記録されている元素としてもっとも古いものです。リンの単体は天然には存在せず、さまざまな鉱物に含まれます。

何に使われているか？

生命の基本となる成分

DNA（デオキシリボ核酸）は、私たちの身体をうまく活動させる情報が詰まった、小さなデータベースとも言えます。DNAは原子が鎖状につながった分子でできていて、はしごがねじれたような形をしているので、「二重らせん」とよばれます。はしごの縦木の部分は、リンを含む分子（リン酸）と糖が交互につながってできています。

糖　リン酸

軽くて丈夫な磁器。リン酸カルシウムを含む。

磁器製のティーセット

リン酸アンモニウムを吹きかけると、燃えている物体に酸素が届かなくなるので火が消える。

消火器

柔軟性のあるファイバー。リン酸塩を多く含むガラスでできている。

光ファイバー

マッチ箱

箱の側面にはリンが塗られている。マッチ棒でこすって火をつける。

有機リン化合物を含む農薬を散布して害虫を殺す。

農薬

肥料

植物の生育を促す、リン酸アンモニウムを含む肥料。

窒素族

リンには、**赤リン**、**白リン**、黒リン、**紫リン**など性質の異なる単体が存在します。いずれも燃えやすい固体です。ブラントが目にした光は、実は、白リンが酸素と反応して放たれたものでした。リンはおもに**リン酸塩鉱物**（リン酸とはリンが酸素と結合した化合物）として産出します。代表的なリンの鉱石、**燐灰石**もそのひとつです。リン酸塩は**高級磁器**に含まれていますし、**肥料**の重要な成分でもあります。**マッチ箱**の摩擦面にはリンの単体が塗られています。**農薬**に使われる、もう少し複雑なリンの化合物には毒性があります。

33 As ヒ素 Arsenic

状態：固体
発見：1250年ごろ
● 33　● 33　○ 42

窒素族

どのような姿か？

- 根からヒ素を取り込み、葉に貯める。（イノモトソウ）
- 雄黄（オーピメント）
- 1800年代まで、粉末にした雄黄が顔料として使われていた。
- 実験室で精錬したヒ素
- 金属のような輝き。
- 火山性温泉で産出する鉱石。鶏冠石（リアルガー）

何に使われているか？

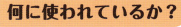

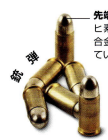

- 銃弾：先端部は、ヒ素と鉛の合金でできている。
- 殺鼠剤：ネズミを殺す、毒性の高いヒ素化合物。

ヒ素を熱すると、**液体**ではなく**気体**になる。

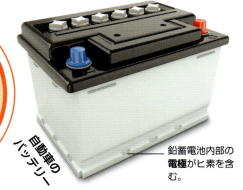

- 自動車のバッテリー：鉛蓄電池内部の電極がヒ素を含む。

ヒ素は「毒の王様」ともよばれます。単体にしろ化合物にしろ、ヒ素は動物にとって毒です。かなり昔から、ヒ素は毒薬として利用されてきました。ヒ素は半金属です。ヒ素を含む鉱物は数種類ありますが、どれも目立つ色をしています。**雄黄**もそのひとつです。天然に産出するヒ素の単体は灰色で金属のような輝きを放ちます。ヒ素化合物は**殺鼠剤**に配合されることがあります。現在、ヒ素はおもに鉛を強化するために使われています。鉛にヒ素を加えると硬さが増し、丈夫な合金ができます。この合金は**自動車のバッテリー**（鉛蓄電池）に使われます。

51 Sb アンチモン Antimony

状態：固体
● 51　● 51　○ 71　発見：紀元前1600年ごろ

窒素族

どのような姿か？

- 毛鉱（ジェイムソナイト）：針のような結晶。アンチモンと鉛と鉄を含む。
- 輝安鉱（スティブナイト）：空気に触れると変色する鉱物。
- 銀色の半金属。硬いが、もろい。
- 実験室で精錬したアンチモンの結晶

何に使われているか？

- 活版印刷に用いられる**金属活字**。アンチモンとスズと鉛の合金でできている。

印刷用の金属活字

- **この外国製のマッチ**は先端部に含まれるアンチモンの作用で一層明るく燃える。

マッチ

- この濃い色のアイシャドウを**コール**という。

エジプトのコール

> コールによってまぶしさが抑えられ、強い日射しの下でも**物が見やすくなる**。

アンチモンという名前は、ギリシャ語で「単独ではない」を意味する anti-monos からつけられました。アンチモンは天然には単独で存在せず、鉛などの重い金属と必ず一緒に産出することにちなむようです。元素記号 Sb はラテン語でコール（アイメイクの一種）を意味する stibium に由来します。輝安鉱は**アンチモンの単体**を得るためのもっとも重要な鉱石です。アンチモンの単体は、おもに硬い合金をつくるために使われます。活版印刷用の**金属活字**もそのひとつです。古代**エジプトのコール**は輝安鉱を粉にしたものでした。

83 Bi ビスマス Bismuth

状態：固体
発見：1500年ごろ
● 83　⊕ 83　○ 126

窒素族

どのような姿か？

輝蒼鉛鉱（ビスマスナイト）
ビスマスの単体を得るための主要な鉱石。

表面の金属が酸素と反応することによって虹色の輝きが現れる。

実験室でつくった骸晶（がいしょう）

このようなビスマスの結晶は実験室でつくられる。

地殻に含まれるビスマスの量は金の2倍。

ビスマスは放射性元素ですが、原子は比較的安定していて、数百万年は変化しません。ビスマスの存在はかなり以前から知られていました。南米のインカ帝国では、ビスマスを加えて硬さを増した青銅で武器がつくられていました。また、古代エジプト人も、きらきら輝く化粧品にビスマス鉱物を利用していました。ビスマスの単体は空気中で酸化物をつくります。骸晶（ホッパークリスタル）とよばれる結晶の虹色も、酸化物によるものです。ビスマスはとてももろく、単体での用途はほとんどありません。ビスマス化合物からできる黄色

何に使われているか？

テルル化ビスマスを利用した**保冷箱**。電流を流すと温度が下がるので、中に入れたものを低温で保存できる。

携帯用冷蔵庫

ビスマス化合物でパール感をだした**マニキュア**。

黄色の化粧品

この**薬**には、胃のむかつきを抑えるビスマス化合物が配合されている。

胃腸薬

ほとんどの元素と違い、ビスマスは固体よりも液体のほうが**高密度**。

の顔料は、塗料や**化粧品**に使われます。**薬**に配合されるビスマス化合物もいくつかあります。ビスマスとスズの合金は、火災用スプリンクラーの部品の原料です。

115 Mc モスコビウム Moscovium

⊖ 115　⊕ 115　○ 174　状態：（おそらく）固体　発見：2004年

研究所に設置されている**実験装置のひとつ**。

ロシア・ドゥブナの合同原子核研究所の粒子加速器

モスコビウムは重い人工元素です。モスコビウム原子はこれまでに、まだ100個ほどしかつくられていません。モスコビウムを最初につくりだした装置は、ロシアのドゥブナにある**合同原子核研究所**の粒子加速器です。ユーリ・オガネシアン率いるロシアの科学者チームが、アメリシウム原子にカルシウム原子を衝突させて合成しました。モスコビウムという名前は、ロシアの首都モスクワからつけられました。モスコビウムはとても強い放射能を放ち、その原子は一瞬で崩壊します。モスコビウムは高密度の金属固体と推測されていますが、なにしろ試料がごくわずかなので、崩壊する前に原子の大きさを測定するので精一杯です。

窒素族

テルル（Te）の単体は銀色の結晶をつくる。

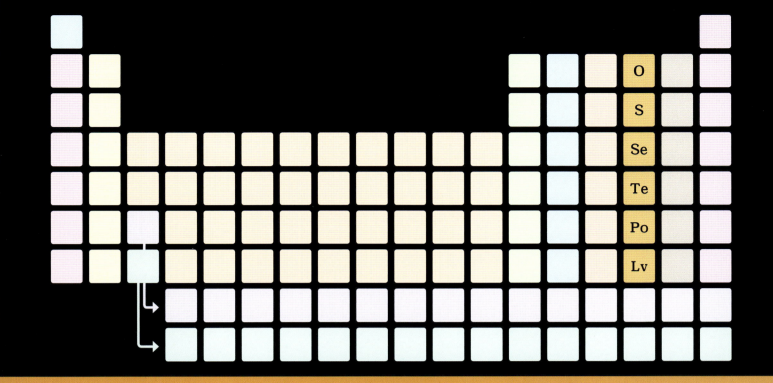

酸素族　The Oxygen Group

酸素族元素のメンバーに天然金属はありません。周期表の上から二つの元素、酸素（O）と硫黄（S）は天然に広く分布する非金属元素です。その下の三つの天然元素は半金属元素です。人工元素リバモリウム（Lv）はグループ唯一の金属と推測されていますが、確かな性質はまだわかっていません。

原子の構造
最外殻電子は6個。この原子構造のおかげで酸素族元素は反応性が高い。

物理的性質
酸素（O）以外はすべて固体、酸素は室温で気体。周期表の下側の元素ほど密度が増す。

化学的性質
周期表の下側の元素ほど反応性が低い。酸素は、ものが燃焼する際には必ずかかわる。

化合物
酸素族元素どうしで化合物をつくることがある。炭素（C）と反応すると、悪臭を放つ化合物ができるものもある。

8 O 酸素(さんそ) Oxygen

状態：気体　発見：1774年
⊖ 8　⊕ 8　◯ 8

酸素族

どのような姿か？

ガラス球に封入した酸素

酸素の単体を封じ込めた**ガラス球**。電流を流すと、青みを帯びた銀色の光を放つ。

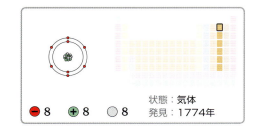

極地の夜空を飾る**光の帯**。太陽から吹きつける粒子が空気中の酸素原子にぶつかって発生する。

オーロラ

植物は日光を浴びて酸素を放つ。

木などの燃料と酸素が反応して**炎があがる**。

火

ヒマワリ

水の分子は水素原子2個と酸素原子1個からできている。

水

燃焼とは

燃焼とは、熱と光を発生する化学反応の一種です。燃焼が進むためには酸素が必要です。

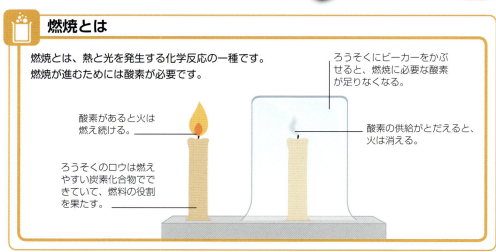

酸素があると火は燃え続ける。

ろうそくのロウは燃えやすい炭素化合物でできていて、燃料の役割を果たす。

ろうそくにビーカーをかぶせると、燃焼に必要な酸素が足りなくなる。

酸素の供給がとだえると、火は消える。

酸素は地球の地殻にいちばん多く存在する元素です。 地球の岩石や鉱物の半分は、酸素を含む化合物でできているし、大気の約5分の1は**酸素の単体**で占められています。酸素は透明な気体で、地球の生き物は酸素に頼って生きています。動物は空気を吸って酸素を体内に取りこみ、体に入った酸素を使って細胞で糖を分解し、エネルギーを得ます。このエネルギーのおかげで動物は体を動かすことができるのです。酸素は物が燃える反応（燃焼）にもかかわっています。燃焼とは、酸素が燃料と反応して、**炎**を上げて燃える現象です。

何に使われているか？

シリンダー内に酸素と燃料が取りこまれる。

ピストンがシリンダー内の酸素と燃料の混合物を圧縮する。

高温の鋼鉄。鉄鉱石から鋼鉄をつくるまでのあいだに酸素を送り込み、不純物を燃焼させて取り除く。

混合物が爆発すると**ピストン**が押し下げられる。

製鋼

酸素を詰めたボンベを背負って、30分ほど潜り続けることができる。

自動車のエンジン

スキューバ・ダイバー

ピストンの上下運動がタイヤを回転させる。

液体酸素を積んだ**ロケット**。液体酸素を燃料と混合して高温のガスを発生させ、ロケットを打ち上げる。

不凍液

エンジン内の冷却水の凍結を防ぐ**液体**。酸素化合物を含む。

酸素は気体の状態では**無色**だが、液体になると**淡い青色**に見える。

溶接トーチ

アトラスVロケット

高山に登る登山者は、標高差により変化する酸素濃度にあわせて酸素を補給する。

医療用酸素ボンベ

ボンベに充填された酸素を、ちょうどよい流量に調整して患者に送る。

この**可燃性のガスと酸素の混合ガス**は、金属を溶かすほど熱く燃える。

酸素ボンベを使う登山者

また、酸素は他の元素と反応して酸化物という化合物もつくります。酸素はこのように使われる一方で、**植物**の光合成という働きを通して放出されるので、空気中の酸素が減ることはありません。自動車の**エンジン**は、ガソリンなどの燃料を燃焼させて動きます。酸素は鋼鉄をつくるときにも重要な役割を果たします。**登山者**は酸素ボンベのおかげで、酸素濃度の薄い環境でも楽に呼吸ができます。**アトラスV**などのロケットは、空気のない宇宙空間で燃料を燃やすために液体酸素を積んでいます。

16 S 硫黄 Sulfur

状態：固体
発見：先史時代

酸素族

どのような姿か？

自然硫黄

硫黄の黄色い結晶。火山の火口周辺の泥にくっついていたもの。

液状の硫黄

熱い液状硫黄が地下鉱山からくみあげられる。

灰青色の結晶。硫黄の化合物、硫酸ストロンチウムを含む。

天青石（セレスタイン）

柔らかくてもろい粒状の硫黄。

スカンクが放つ嫌な匂いの液体は、3種類の硫黄化合物を含む。

硫黄の実験用サンプル

タマネギを切ると硫黄化合物が発生するので涙がでる。

スカンク

タマネギ

硫化水素の気泡が見える。

泥火山

硫黄の存在は古代から知られていました。硫黄は、単体が天然に存在する、数少ない非金属元素のひとつです。硫黄の黄色い結晶は火山の火口の近くによく見られます。結晶に火をつけると溶けて血のような赤い液体になるので、英語では brimstone ともよばれていました。

地獄の火の池は brimstone によって燃え続けていると、一部の宗教で考えられていたためです。地下の鉱床から**硫黄の単体**を取りだすときは熱水を利用します。熱水の熱で**硫黄を液状にして**地上までくみあげるのです。硫黄は**天青石**をはじめ、多くの鉱物に含まれています。

何に使われているか？

天然ゴムを硫黄と一緒に加熱した**加硫ゴム**。

加硫処理したタイヤ

ドライフルーツの保存料

硫黄化合物を含む粉末を保存料として利用した**ドライフルーツ**。

燃やすと、**煙に含まれる硫黄**が害虫を追い払う。

硫黄入りろうそく

酸 性 雨

化石燃料を燃やすと二酸化硫黄が発生します。二酸化硫黄は雨に溶け込み硫酸に変わり、これが酸性雨となって地上に降り注ぎます。

1. 発電所で石炭を燃やすと二酸化硫黄が放出される。
2. 汚染物質が風に乗って運ばれる。
3. 二酸化硫黄が雲の中の水と混ざると硫酸になる。
4. 酸性雨は建物を腐食し、植物を枯らす。
5. 酸性雨は土の化学的性質を変える。
6. 酸性雨は川や湖も酸性に変える。

硫黄化合物を配合したクリームには殺菌作用がある。

スキンクリーム

希硫酸を利用した**電池**。

鉛蓄電池

腐ったような匂いを放つ**植物**。匂いで肉食の昆虫をおびき寄せる。

ショクダイオオコンニャク

ペニシリン錠

病原菌を殺す硫黄化合物を含む**抗生剤**。

酸性雨によって風化の進んだ**石灰石の像**。

硫酸を含む雨による被害

酸性雨は、土や葉に含まれる栄養分を溶かしだして**森林を破壊**する。

酸素族

硫黄の化合物には嫌な匂いのものがたくさんあります。温泉で漂う腐った卵のような匂いのもとは硫化水素ガスです。他にも**スカンク**が放つ液体、**タマネギ**を切ったときに発生する気体成分、**ショクダイオオコンニャク**から漂う匂いなどがあります。硫黄はさまざまなものに利用される非金属です。硫黄化合物には**タイヤ**などに使う天然ゴムを硬くする作用があります。**ドライフルーツ**の保存や、**蓄電池**にも硫黄の化合物が使われています。硫黄には抗菌作用があり、**ペニシリン**などの抗生物質にも硫黄が含まれています。

硫黄がつくる絶景

この写真は、アフリカのダナキル・デプレッションに湧く温泉です。温泉の周りが黄色い硫黄でびっしりとおおわれている様子がよくわかるでしょう。東アフリカのエチオピアとエリトリアにまたがる低地、ダナキル・デプレッションは火山活動のとくに盛んな地域です。一帯には、噴火を続ける火口や乾ききった砂漠、沸騰する泥、硫黄をはじめさまざまな無機塩によって不思議な色のついた温泉など、地球とは思えない景色が広がっています。

海抜マイナス100mを下回るダナキル・デプレッションは、世界の陸地でもっとも低い場所のひとつです。低地の中にある温泉には、火傷をするほど熱い緑色の水が湧いており、この水には硫黄の単体や、有毒な硫黄化合物である硫酸が含まれています。温泉の水が蒸発すると、あとには硫黄の堆積物がたまり、大きなくぼ地に美しい景色をつくります。この地域は雨がほとんど降らず、暑く乾いた日が続き、気温は軽く50℃を超えます。人を寄せつけないこのような気象条件から「世界一過酷な場所」ともよばれますが、それでもこの見事な光景をひとめ見ようとダナキルを訪れる人が後を絶ちません。

34 Se セレン Selenium

● 34　⊕ 34　○ 45　状態：固体　発見：1817年

酸素族

どのような姿か？

灰色セレンは金属のような輝きを放つ。

実験室で精錬した塊状の灰色セレン

セレンがもっとも豊富な食品はブラジルナッツ。

ブラジルナッツ

黒い部分にセレンと銅を含む。

ベルツェリウス鉱（ベルツェリアナイト）

何に使われているか？

セレンとニッケルを利用した太陽電池で動く電卓。

計算機

ふけ防止シャンプー

セレン化合物を配合したシャンプー。ふけに作用する。

明るい色は釉薬に含まれる赤色セレンによる。

セラミック製の花瓶

コピー機

事務用コピー機の多くは薄膜状セレンを使っていた。

セレンという名前は、ギリシャ神話の月の女神セレーネからつけられました。セレンは金属と非金属、両方の性質をあわせもつ半金属です。セレンにはおもに2種類の単体があります。硬くて塊状の灰色セレンと、柔らかくて粉状の赤色セレンです。セレンはガラスやセラミックスに色をつける成分として用いられています。また光に対する感度が高いので、日光を電気に変える太陽電池やコピー機にも利用されています。しかし最近のコピー機は、セレンではなく有機半導体を使うものが多くなっています。

52 Te テルル Tellurium

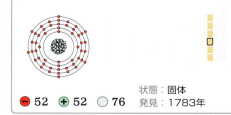

状態：固体
発見：1783年
⊖ 52　⊕ 52　○ 76

酸素族

どのような姿か？

メロネス鉱（メロナイト）

この鉱石は柔らかいけれども高密度。

母岩をおおっている金属光沢のある部分にテルルと金と銀を含む。

シルバニア鉱（シルバナイト）

この半金属は銀白色の結晶をつくる。

実験室で精錬したテルルの結晶

何に使われているか？

光ファイバー

テルルを含むガラス繊維。

深い赤色はテルルを加えたことによる。

赤く着色したガラスびん

アメリカ・カリフォルニアにあるトパーズ太陽光発電所

テルルを含む太陽電池をたくさんつなげたソーラーパネル。

テルルを含む銅の合金は腐食しにくい。

テルルは、地球でもっとも希少な10種類の元素のひとつです。名前は、「地球」を意味するラテン語 tellus からつけられました。テルルはたいてい他の元素との化合物として存在します。鉱石**メロネス鉱**にはニッケルとの化合物が含まれています。また、テルルは鉛や銅を精錬したときの副産物としても得られます。テルルには**単体**が2種類あります。光沢を放つ金属のような固体と、茶色の粉体です。テルルはおもに**光ファイバー**（銅線よりも、速く大量の情報を運ぶケーブル）に使うガラスの原料として利用されます。

84 Po ポロニウム Polonium

- 84 + 84 ○ 125
状態：固体
発見：1898年

どのような姿か？

ウランの鉱石、閃ウラン鉱はポロニウムを**0.0000001%**含む。

閃ウラン鉱（ウラニナイト）

ウラン原子を含む鉱物。ウラン原子は崩壊してポロニウム原子になる。

何に使われているか？

静電気防止ブラシ
カメラのレンズやレコードから静電気を取り除く**ブラシ**。

原子爆弾
内部のポロニウムが起爆の衝撃を受けることによって爆発する**爆弾**。

月面探査機ルノホート
ポロニウムを搭載し、その発熱により温かさを保つ**無人月面車**。

ポロニウムは強い放射能をもつ元素で、1gあればまわりが一瞬で500℃に達するほどの放射線を放出します。ポロニウムは、マリーとピエール・キュリーによって1898年に発見され、マリーの母国ポーランドにちなんで名前がつけられました。ポロニウムは天然にはとてもわずかしか存在せず、たいていは原子炉でつくられます。ポロニウムにはいくつか用途があります。**原子爆弾**の火付け役として爆発を引き起こすほか、宇宙船を温めたり、動かしたりもします。1970年代に月に着陸した、ロシアの**月面探査機ルノホート**にもポロニウムが使われていました。

116 Lv リバモリウム Livermorium

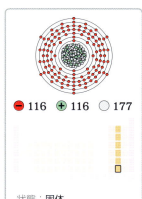
● 116　⊕ 116　○ 177

状態：固体
発見：2000年

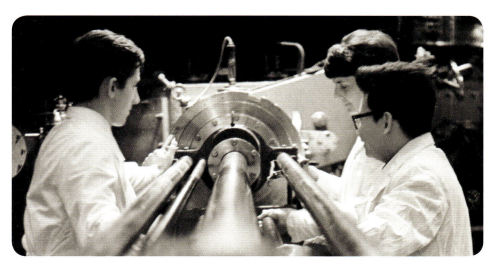
ロシア・ドゥブナの合同原子核研究所にある重イオン加速器

リバモリウムという**名前**は、この**研究施設**からつけられた。

アメリカ・カリフォルニアのローレンス・リバモア国立研究所

リバモリウムは2000年にはじめてつくられましたが、このときは一瞬で崩壊してしまいました。世界初のリバモリウム合成に成功したのは、**ロシアのドゥブナにある合同原子核研究所**でした。ロシアの研究チームが使っていた実験試料は、アメリカのカリフォルニアにある**ローレンス・リバモア国立研究所**から提供されたものでした。とても強い放射能をもつ元素リバモリウムは、粒子加速器（原子と原子を衝突させる装置）の中でキュリウム原子にカルシウム原子をぶつけてつくられました。

酸素族

ヨウ素（I）の単体を封じ込めたガラス球。

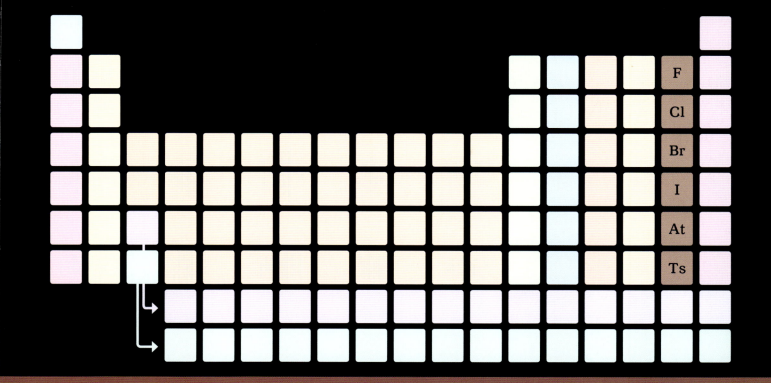

ハロゲン　The Halogen Group

第17族元素であるハロゲン元素は、反応性のきわめて高いグループで、非金属元素を含んでいます。「ハロゲン」という名前には「塩をつくるもの」という意味があります。このグループの元素が金属と反応して「塩」をつくるためで、食塩としておなじみの塩化ナトリウムも塩のひとつです。テネシン(Ts)は人工のハロゲン元素ですが、その性質はまだよくわかっていません。

原子の構造
最外殻電子は7個。最外電子殻には電子がもう1個入る場所がある。

物理的性質
臭素(Br)だけが液体で、フッ素(F)と塩素(Cl)は気体、ヨウ素とアスタチン(At)は固体。

化学的性質
ハロゲンの原子は、別の原子から電子を1個受け取って化合物をつくる。周期表の下側の元素ほど反応

化合物
水素(H)と反応して酸性の化合物をつくる。ハロゲン化合物は漂白剤などに使われる。

9 F フッ素 Fluorine

状態：気体
発見：1886年

ハロゲン

どのような姿か？

柔らかくて、もろい鉱物。簡単にくだけてしまう。

氷晶石（クリオライト）

実験用サンプル

フッ素とヘリウムの混合気体を封入した容器。

トパーズとは、古代インドのサンスクリット語で「火」を意味する。

立方体状の結晶。緑色の原因は不純物。

蛍石（フローライト）

トパーズ（黄玉）

フッ素を20.7%含む**貴石**。

フッ素は反応性の高い元素で、その単体はとてつもなく危険です。ほんの少量を空気に加えただけで人を殺すことができるほどです。フッ素の単体は淡い黄色の気体です。れんがやガラス、鋼鉄と反応して浸食し、裏側に通じる穴を開けてしまいます。フッ素の単体はあまりにも危険なので、フッ素に溶かされないニッケル合金製の容器で保存します。フッ素は**氷晶石**や**蛍石**などの鉱物に含まれます。フッ素系ガスや毒性の低いフッ素の化合物はさまざまな用途に使われています。フッ酸は毒性の高い液体ですが、**ガラス製の花瓶**などに模様を刻む工程で利

何に使われているか？

彫刻ガラスの花瓶

フッ素と硫黄の化合物の作用を利用して、非常時に電流を切る**装置**。

回路遮断器

この模様は、ガラスの表面をフッ化水素酸でエッチング加工して刻んである。

陶磁器製の鍋

表面のつやはフッ素を含む釉薬の効果。

フッ素樹脂で加工した**布地**は水をはじく。

防水服

耐熱性のあるPTFEで表面加工された**フライパン**。

フッ素の化合物を含む液体。体に注入すると、傷ついた組織まで酸素を運んで修復を助ける。

オキシサイト

PTFEは熱に強いので、NASAの**宇宙服**の生地にも使われた。

フッ素を配合した**歯みがきペースト**。歯のエナメル質を強化する。

焦げにくいフライパン

練り歯みがき

アンリ・モアッサン

1800年代のはじめ、蛍石などの鉱物に未知の元素が含まれていることが、ヨーロッパの化学者のあいだでよく知られていました。その蛍石から、フランスの化学者アンリ・モアッサンがフッ素の単体をはじめて取りだしたのは、それから70年後のことでした。モアッサンは危険な実験をくり返し何度も中毒になりながらも偉業を成し遂げました。

ハロゲン

用されることもあります。陶磁器の釉薬にはフッ素鉱物を含むものもあります。素焼きをした陶器にこの釉薬をかけて焼くと、フッ素が放出されて陶磁器が硬くなるのです。ポリテトラフルオロエチレン（PTFE）は**焦げつきにくいフライパン**によく使われます。PTFEはフライパンの表面をつるつるにして、食品がフライパンにくっつくのを抑えることで焦げつきを防ぎます。PTFEを原料とする繊維は軽量の**防水衣類**にも使われます。フッ素化合物の身近な使いみちは**練り歯みがき**です。フッ素化合物が歯を強化して虫歯になるのを防ぎます。

17 Cl 塩素(えんそ) Chlorine

ハロゲン

状態：気体
発見：1774年
⊖ 17　⊕ 17　○ 18

どのような姿か？

- **オレンジ色**は赤鉄鉱を含むため。
- 岩塩（ハライト）
- 立方体状結晶。
- カーナライト
- **鮮やかな赤色**は不純物を含むため。
- アマガエルの仲間には、**皮膚**に塩素化合物を含むものがいる。
- アカメアマガエル
- 空気と反応しないように、塩素の単体を封じ込めた**ガラス球**。
- ガラス球に封入した塩素
- **塩素の単体**は空気より重い。

塩素の英語名chlorineは、ギリシャ語で「淡い緑色」を意味するchlórosからつけられました。塩素の気体の色にちなみます。塩素は反応性のとても高い気体で、たくさんの化合物をつくります。単体は天然には存在しません。私たちがよく目にする塩素化合物は塩化ナトリウムで、天然には岩塩という鉱物として存在します。塩素化合物は筋肉や神経で重要な働きをする、人体にとってなくてはならない物質です。汗にも含まれます。塩素の単体は毒性が高く、第一次世界大戦では塩素ガスが兵器として使われました。兵士はマスクをつけて、塩素

何に使われているか？

ランニングシューズ
塩素化合物を含む、**ランニングシューズ**の靴底。

食卓塩
塩化ナトリウム。食べ物に味をつける。

クロロホルム
塩素化合物の液体。吸いこむと意識を失う。

保護メガネ
塩素を多く含むプラスチックは壊れにくい。

プール
プールの塩素濃度は、水質を保つために厳しく管理されている。

漂白剤
次亜塩素酸ナトリウムを配合した**漂白洗浄剤**。

PVC製のパイプ
丈夫な水道管。厚みのあるPVCでできている。

PVC製のスーツケース
頑丈だが固すぎない**スーツケース**。

塩素処理

浄水場では、まず汚れた水をフィルターにかけて固形物を取り除きます。その後、塩素で水を消毒する「塩素処理」を行います。

1. 汚れた水をタンクに入れる。
2. 固形の不純物をフィルターで取り除く。
3. 水に塩素を混ぜ、フィルターで除去できなかった病原菌などを殺す。
4. きれいにされた水は飲料水や生活用水として使われる。

ハロゲン

ガスの攻撃から身を守りました。現在、塩素はさまざまな用途で使われています。塩素の化合物は**ランニングシューズ**や**クロロホルム**など、いろいろなものに含まれます。塩素は水素と反応して塩酸をつくります。塩酸はほとんどの金属を溶かして水素ガスを放出する腐食性の液体で、工業用洗浄剤として使われます。塩酸よりも弱い亜塩素酸には殺菌作用があり、**プール**の水の消毒剤や、**漂白剤**などに利用されます。プラスチックの一種、**ポリ塩化ビニル（PVC）**も塩素を含んでいます。PVCは丈夫なので、固さが求められる製品の材料にも使われます。

海中での除草作業

塩素は漂白剤によく配合されている成分で、浴室のタイルから海底まで、いろいろな場所の厄介者を退治するのに役立っています。この写真は、地中海の海底で、ダイバーたちが塩素の力を利用して、有害な海藻を取り除いているところです。この外来の海藻は生育が早く栄養分をひとりじめするため、もともと生息していた海生植物が枯れてしまうのです。また、この外来の海藻を食べた魚がその毒で死んでしまうこともあります。

外来の海藻を取り除く作業では、塩素の力を2回利用します。まずびっしり生えた海藻を、PVC製のシートでおおいます。PVCは、塩素を含む丈夫なプラスチックです。次に塩素とナトリウムの化合物、次亜塩素酸ナトリウムをシートの下に注入します。この強力な液体漂白剤の作用で、迷惑な海藻は枯れていきます。数週間後、PVCシートをはがします。これでもう、よそから入り込んできた海藻が繁殖することはありません。海底には、もともと生息していた海生植物が少しずつ戻ってくるでしょう。塩素は反応性がとても高く、皮膚など人体にも刺激を与えますが、作業するダイバーはゴム製のウェットスーツでしっかり守られているので大丈夫です。

35 Br 臭素（しゅうそ） Bromine

ハロゲン

状態：液体
⊖ 35　⊕ 35　◯ 45
発見：1826年

どのような姿か？

揮発した臭素。

ガラス球に封入した臭素

臭素の蒸気が漏れないように**密封されたガラス容器。**

臭化カリウム

臭素の単体は赤茶色の液体。

英語名bromineの語源は「**悪臭**」を意味するギリシャ語。実際、とてもくさい。

臭素は、室温で液体として存在する唯一の非金属元素です。液体の臭素から立ちのぼる濃い蒸気を吸いこむと生命に危険が及ぶのでやめましょう。**臭素の単体**は天然には存在しません。臭素の化合物は水に溶けやすく、海水や、中東の**死海**のように塩濃度の高い湖の水に含まれています。こういった場所で水が蒸発すると、**臭化カリウム**などの臭化物が白い結晶の層となって残ります。このような結晶の塊から臭素を取りだすことができます。臭素は、水の消毒剤としてよく使われます。水が温かいと塩素は蒸発してしまうので、温水プールや温泉などの水

何に使われているか？

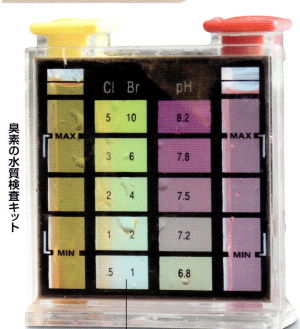

臭素の水質検査キット

基準の色見本と比べることで、水に含まれる臭素の量をはかる。

カリウムの臭化物。19世紀後半には睡眠薬として使われていた。

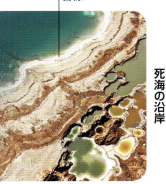

イスラエル側の海岸線をおおう、**カリウムと臭素の化合物**。

死海の沿岸

ハロゲン

消火器

臭素を多く含む不燃性ガスを使って**火を消す**。

臭化銀が光に反応することで**像が現れる**。

写真のネガフィルム

臭素は第一次世界大戦では**兵器**として使われた。

生地に、難燃性を高める臭素化合物を含む。

防火服

👓 アントワーヌ・ジェローム・バラール

臭素は、1826年にフランスの化学者アントワーヌ・ジェローム・バラールによって発見されました。バラールが塩沼から採ってきた水を熱したところ、ほとんどの水分が蒸発したあとに液体が残り、この液体に塩素ガスを吹きかけると液が赤橙色に変わりました。この赤橙色の液体が臭素でした。

処理には臭素を使うほうが適しています。プールでは、**水質検査キット**を使って臭素の濃度を管理します。化学物質を使ってネガに像を写すフィルム写真でも、臭素の化合物（臭化銀）が感光剤として利用されています。この技術は今もエックス線写真に使われています。火がつきにくい性質をもった臭素化合物もあり、現在、おもに防火服やソファーなどの**耐火性生地**に使われています。さらに臭素の化合物は古くから鎮静剤やけいれんの薬としても利用されてきました。

53 I ヨウ素 Iodine

状態：固体
⊖ 53 ⊕ 53 ○ 74 発見：1811年

ハロゲン

どのような姿か？

- ガラス球に封入したヨウ素
- ヨウ素が空気と反応しないように**密封されたガラス容器**。
- ヨウ素の気体は紫色。
- 黒紫色の塊もヨウ素。
- カニは海水からヨウ素を取り込む。

固体のヨウ素を熱すると、**液体にはならずに**気体になる。

何に使われているか？

- 印刷用インク — ヨウ素化合物を使っている**色インク**。
- ヨウ素を含む**レンズ**。明るい反射光を取り除く。**偏光サングラス**
- サクランボの砂糖漬け — 鮮やかな赤色はヨウ素を含む食用紅で着色したもの。
- ヨウ素を配合した**消毒薬**。傷口に塗って雑菌の感染を防ぐ。**ベタダイン**

ヨウ素は室温で固体の、唯一のハロゲン元素です。 ヨウ素を熱すると紫色の気体になり、英語名の iodine もギリシャ語で「紫色」を意味する iodes にちなみます。ヨウ素は海藻から発見されました。人体には、成長を促すチロキシンという重要な物質をつくるために、わずかですがヨウ素が必要です。私たちは**カニ**や魚や海藻など海産物からヨウ素を摂っています。**印刷用インク**、赤や茶色の食用色素、消毒薬（ヨードチンキ）にもヨウ素は利用されています。日本はヨウ素の生産量が世界第1位です。ヨウ素とデンプンが反応すると青紫色を示します。

85 At アスタチン　Astatine

アスタチンの原子は不安定です。ほとんどの原子が数時間ほどで崩壊して、ビスマスなどのより軽い原子になります。実はアスタチンそのものも同じようにして、フランシウムなどのより重い原子が崩壊した結果として生じます。放射性元素であるアスタチンは、**閃ウラン鉱**のようなウラン鉱石にわずかに含まれる希少な元素です。イタリアの物理学者エミリオ・セグレは、アスタチンの単体をはじめて取りだした科学者の一人です。原子どうしを衝突させて原子の性質などを調べる装置、粒子加速器を使って単離を成功させました。

⊖ 85　⊕ 85　○ 125　状態：固体　発見：1940年

閃ウラン鉱の内部で、不安定なフランシウム原子が崩壊してアスタチン原子ができる。

閃ウラン鉱（ウラニナイト）

117 Ts テネシン　Tennessine

アメリカ・テネシー州オークリッジ国立研究所の実験用原子炉

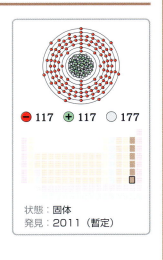

合成されたテネシン原子は、**ほんの数秒しか存在しなかった。**

⊖ 117　⊕ 117　○ 177

状態：固体
発見：2011（暫定）

テネシンは周期表のなかでは最後に発見された、つまりいちばん新しい元素です。2011年にロシアのドゥブナでつくられました。テネシンという名前は、世界初の本格的な大型原子炉をもつ**オークリッジ国立研究所**のある、アメリカのテネシー州にちなみます。テネシン原子は、これまでにまだ数個しかつくられていません。少ない情報しかありませんが、テネシンはその他のハロゲンのような非金属元素ではなく、半金属元素だと化学者たちは予測しています。

ハロゲン

クリプトン（Kr）は、電流を流したときにだけその姿を現す。

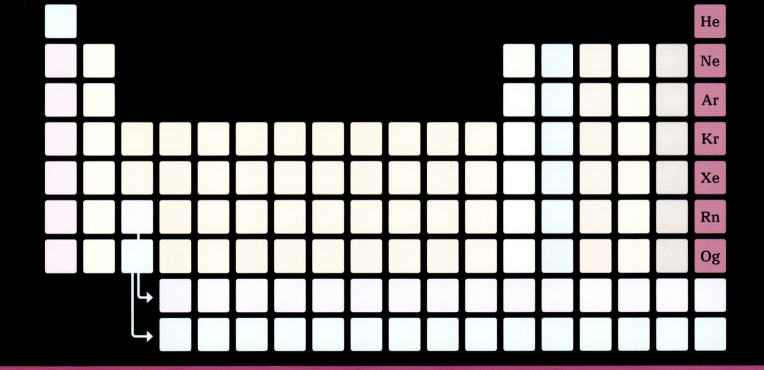

貴ガス Noble Gases

第18族元素である貴ガス元素は、周期表の右端の列を占めるグループです。酸素（O）などの「ありふれた」元素とは反応しないので、「高貴な」という意味を込めて貴ガス元素とよばれます（「希ガス」とよばれることもあります）。貴ガス元素の原子は、自然の条件では他の原子と結合しません。同じ元素の原子とも結合せず、室温では気体として存在します。

原子の構造
ヘリウム（He）原子の最外殻電子は2個。それ以外の最外殻電子は8個。

物理的性質
オガネソン（Og）以外の貴ガスはすべて無色の気体。周期表の下側の元素ほど密度が増す。ラドン(Rn)はヘリウムの54倍重い。

化学的性質
貴ガス元素は自然の条件では反応しない。実験室では、重い貴ガス元素をフッ素（F）と反応させて化合物をつくることができる。

化合物
自然の条件では化合物をつくらない。キセノン(Xe)、クリプトン（Kr）、アルゴン（Ar）は人工的に化合物をつくることができる。

²He ヘリウム Helium

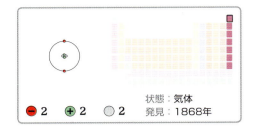

2　+2　2　状態：気体　発見：1868年

貴ガス

どのような姿か？

ガラス球に封じ込められた**ヘリウム**のサンプル。

ガラス球に封入したヘリウム

ヘリウムは無色透明な気体だが、電流を流すと紫色に光る。

土星

天然ガスにはヘリウムを含むものもある。

土星の大気は水素とヘリウムからなる雲でできている。

天然ガスの炎

何に使われているか？

粒子加速器（原子と原子を衝突させる装置）では、液体ヘリウムを使って部品を冷却する。

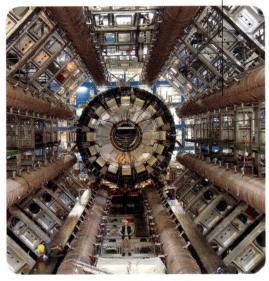

スイスのCERNにある
大型ハドロン衝突型加速器（ATLAS）

MRI装置

ヘリウムは水素の次に軽い元素で、透明な気体です。1895年にスコットランドの化学者ウィリアム・ラムゼーがはじめて鉱物から取りだしました。ヘリウムは宇宙全体の元素の4分の1を占めていて、**土星**など巨大ガス惑星の大気をつくるおもな気体のひとつでもあります。ところがヘリウムはとても軽く宇宙へ拡散してしまうため、地球の大気にはわずかしか含まれません。1895年以降は、閃ウラン鉱（ウランを含む放射性鉱物）から苦労してヘリウムを取りだしていましたが、現在では地下のガス田からヘリウムを採掘しています。

貴ガス

飛行船

空気よりも軽くするために大量のヘリウムを詰め込んだ**飛行船**。

パーティー用の風船

ヘリウムと空気を混ぜて膨らませた**バルーン**。

ヘリウムイオン顕微鏡

小さな試料を、他の顕微鏡よりも拡大して詳しく見ることができる、**高性能の顕微鏡**。

2種類の磁石（車体を前へ進める推進用磁石と、車体を浮かせる浮上用磁石）を利用して走る**超高速鉄道車両**。

軌道に並べた**磁石**と車体に積まれた磁石が反発して車両を浮かせる。

浮上式リニアモーターカー

太陽のガス

1868年、皆既日食（月が太陽の前を通る現象）が起きたときに、太陽を取り巻いていた雲状のガスから新しい元素の存在を示す証拠が見つかりました。黄色の雲に含まれていた新しい物質に、ギリシャ神話の太陽の神ヘリオスにちなんでヘリウムという名前がつけられました。このヘリウムは、太陽内部で水素が核融合反応を起こして生まれたものです。

月に遮られて、太陽の光が地球に届かなくなる。

日食のあいだだけ、外側のガスがはっきり見える。

少しだけ見えている、太陽の端の部分。

患者の臓器を撮影する**装置**。液体ヘリウムで冷却している。

ヘリウムの融点は、すべての元素のなかでもっとも低い。

ロケットのヘリウムタンク

ロケットが上がるにつれて燃料の減った燃料タンクに、**ヘリウムタンクからヘリウム**が送られる。その結果、燃料が燃焼室へ押しだされる。

ヘリウムは、天然**ガス**や石油と一緒に産出することもあります。水素の反応性がとても高いのに対して、ヘリウムは貴ガスなのでまったく反応しません。この性質のおかげで、**風船**や**飛行船**などの充填ガスとして安全に利用できます。ヘリウムガスを液体に変えるには、−269℃の極低温まで冷やさなければなりません。液体ヘリウムは低温状態を保つための冷却材として用いられます。**浮上式リニアモーターカー**の車体を浮かせるための強力な磁石や、**MRI装置**の超電導コイルも、液体ヘリウムを利用して冷却しています。

ガス状星雲

この光り輝く星雲は、「三日月星雲（クレセント星雲）」とよばれています。三日月星雲はとても大きく、太陽系が七つも入るほどです。三日月星雲はガスとちりでできた雲で、光り輝いているのは、中心にある超高温の恒星が光を発しているためです。中心の恒星はWR136という名前で、太陽の15倍重く、25万倍も明るい星です。このとてつもない熱と光の源がヘリウムなのです。

恒星WR136が熱くて明るいのはヘリウムがあるからです。WR136は、もとは太陽のように水素を使って燃えていました。当時は中心で水素原子どうしがぶつかり、エネルギーを放出しながらヘリウム原子をつくっていたのです。ところが20万年ほど前に水素を使い果たし、今度はヘリウム原子どうしがぶつかりだしました。WR136は大きく膨らんで、現在は巨大な赤い星（赤色巨星）となり、まわりに雲状のガスを放っています。WR136からは電気を帯びたガスの風が毎秒1,700kmで噴き出しています。風がガスの雲にぶつかり続けることによって、星雲の中で光が生じます。私たちが見ているのはこの光です。WR136はやがてヘリウムも他の燃料も使い果たし、超新星爆発を起こして巨大な火の玉になるでしょう。

10 Ne ネオン Neon

状態：気体
⊖ 10　⊕ 10　○ 10　発見：1898年

どのような姿か？

ガラス球に封入したネオン

ガラス球に封じ込められた**ネオンのサンプル**。電流を流すと赤橙色の光を放つ。

火山の噴火

噴火によって、ネオンガスが大気中に放出される。

ネオンサインという名前だが、他の貴ガスを使う場合もある。

何に使われているか？

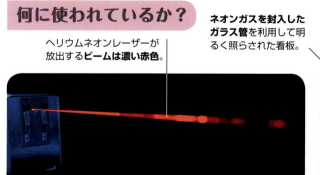

ヘリウムネオンレーザーが放出する**ビームは濃い赤色**。

ヘリウムネオンレーザー

ネオンガスを封入した**ガラス管**を利用して明るく照らされた看板。

ネオンサイン

ネオンは希少な元素です。地球の大気に占めるネオンの**割合はわずか0.001％**です。地球の岩石には、地球が誕生したときに閉じ込められたネオンが含まれていて、岩石中のネオンは**火山が噴火**するときに大気に放出されます。**ネオンの単体**は透明な気体で、ネオンガスが液体に変わる−248.67℃まで空気を冷やして取りだされます。ネオンとヘリウムを混合した**レーザー**は研究室で使われています。身近なところでは、ネオンは、**照明看板**や、飛行場の滑走路の標識灯などの光源として利用されています。

18 Ar アルゴン Argon

● 18　＋ 18　○ 22　状態：気体　発見：1894年

貴ガス

どのような姿か？

ガラス球に封入したアルゴン

ガラス球に封じ込められた**アルゴンのサンプル**。電流を流すと淡い紫色の光を放つ。

何に使われているか？

アルゴンを充填した潜水用スーツ

アルゴンで断熱した**ダイビングスーツ**。冷たい水の中でも暖かい。

二重窓

2枚のガラスのあいだには、熱が逃げるのを抑えるためにアルゴンが入っている。

金属の切断と溶接

炎に含まれる**アルゴン**が、金属と酸素の反応を防ぐ。

アルゴンを封入した展示ケース

マグナカルタ（歴史史料）はアルゴンガスで満たされたケースの中で保管されている。酸素や水蒸気を追いだすことによって、羊皮紙が傷むのを防ぐ。

アルゴンは窒素と酸素に次いで、大気に3番目に多く含まれる気体です。アルゴンは他の元素と反応しません。アルゴンという名前はギリシャ語で「働かない」を意味する argos からつけられました。熱をあまり伝えないことから、**二重窓**や、冷たくて深い海に潜るときの**潜水服**に使われます。また、アルゴンの反応性の低さも、さまざまなところで活かされています。**美術館**では、傷みやすい展示品を保護するためにアルゴンを利用します。**金属の切断や溶接**の際には、空気の影響を防ぐためにアルゴンが使われます。チタンの製錬にも利用されます。

36 Kr クリプトン Krypton

● 36 ⊕ 36 ○ 48　状態：気体　発見：1898年

貴ガス

どのような姿か？

ガラス球に封入したクリプトン

ガラス球に封じ込められた**クリプトンのサンプル**。

クリプトンは透明の気体。電流を流すと青白い光を放つ。

デジタルカメラ

カメラのフラッシュが光るのは、乾電池から電流が流れてクリプトンが閃光を放つため。

クリプトンを利用したレーザーで照らされた建物。

レーザーによるライトアップ

ウィリアム・ラムゼー卿は数種類の貴ガスを発見した功績により**ノーベル化学賞**を受賞した。

プラズマボール

クリプトンを含む数種類の貴ガスを封じ込めた**球**。

何に使われているか？

白熱電球

クリプトンを封入した電球。**エネルギー効率が高い**。

クリプトンという名前は、「隠されたもの」という意味のギリシャ語からつけられました。クリプトンは、天然では不活性ガスとして存在します。つまりクリプトンはほとんどの元素と反応しません。鉱物には含まれず、大気中にほんのわずかだけ存在します。**クリプトンの単体**に電流を流すと、とても明るい白い光を放ちます。この性質をうまく利用したのが閃光電球（フラッシュ電球）です。クリプトンは、フッ素と反応してフッ化クリプトンをつくります。フッ化クリプトンは紫外領域の**レーザー**に使われます。

54 Xe キセノン Xenon

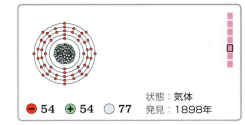

⊖ 54　⊕ 54　○ 77　状態：気体　発見：1898年

貴ガス

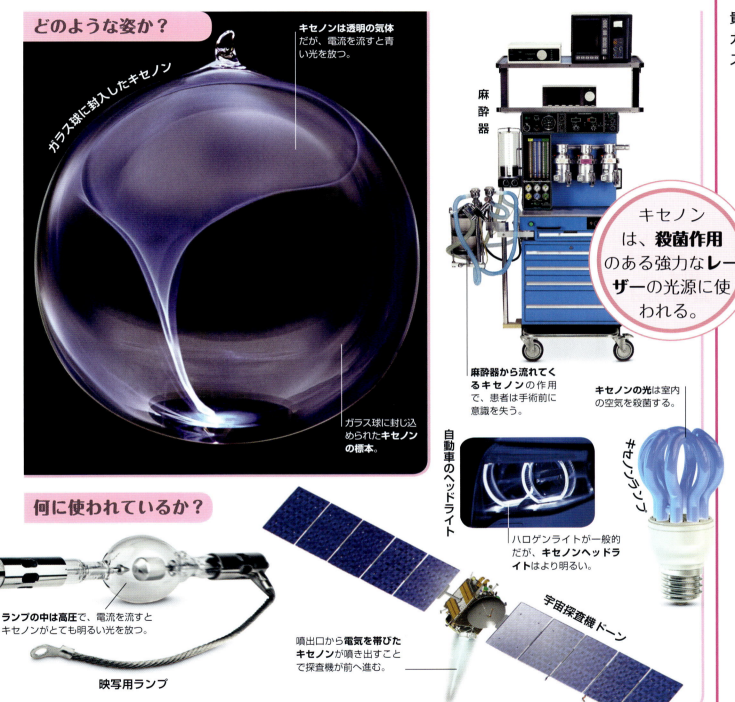

どのような姿か？

キセノンは透明の気体だが、電流を流すと青い光を放つ。

ガラス球に封入したキセノン

ガラス球に封じ込められた**キセノン**の標本。

麻酔器

麻酔器から流れてくる**キセノン**の作用で、患者は手術前に意識を失う。

キセノンは、**殺菌作用**のある強力な**レーザー**の光源に使われる。

キセノンの光は室内の空気を殺菌する。

キセノンランプ

自動車のヘッドライト

ハロゲンライトが一般的だが、**キセノンヘッドライト**はより明るい。

何に使われているか？

ランプの中は**高圧**で、電流を流すとキセノンがとても明るい光を放つ。

映写用ランプ

宇宙探査機ドーン

噴出口から**電気を帯びたキセノン**が噴き出すことで探査機が前へ進む。

キセノンはとても希少な元素で、大気に含まれる原子1000万個の中に1個しか存在しません。他の貴ガス元素と同じく、色も匂いもありません。電流を流すと明るい光を放つので、**映写機**や自動車のヘッドライトなど強力な照明に利用されます。キセノンは吸っても害がなく、麻酔薬として使われます。**キセノンランプ**で空気を殺菌する食品工場もあります。宇宙船のエンジンには、電気を帯びたキセノンを高速で噴射することで推進力を得るものもあります。小惑星探査機「はやぶさ」もキセノンのイオンエンジンを搭載していました。

86 Rn ラドン Radon

状態：気体
⊖ 86　⊕ 86　◯ 136　発見：1900年

貴ガス

鉱石に含まれる放射性金属が崩壊して、ラドンガスを放出する**ウラン鉱石**。

黄色い結晶は、別のウラン鉱物であるウラノフェン。

閃ウラン鉱（ウラニナイト）

ラドン原子の半数が崩壊して別の原子になるまでの時間は、わずか**3.8日**。

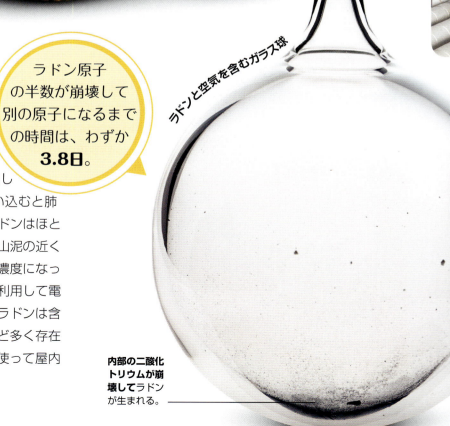

ラドンと空気を含むガラス球

内部の二酸化トリウムが崩壊してラドンが生まれる。

天然に存在する放射性の貴ガス元素はラドンだけです。ラドンは、ウランなどの放射性金属が崩壊して生まれます。ラドンは気体なので、**閃ウラン鉱**のような鉱物から空気中へ拡散します。ラドンはとても強い放射能をもち、吸い込むと肺がんを引き起こすことがあります。空気中のラドンはほとんどの場所で低濃度ですが、**火山性の温泉**や火山泥の近くでは他の熱いガスに混じって噴き出すために高濃度になっています。地下深くの火山岩の熱エネルギーを利用して電気をつくるアメリカなどの**地熱発電所**の水にもラドンは含まれています。ラドンは花崗岩の豊富な場所ほど多く存在し、このような地域の家庭では、**検査キット**を使って屋内のラドン濃度を計測しています。

118 Og オガネソン Oganesson

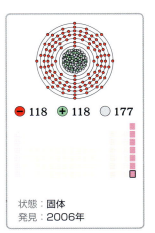

- 118 + 118 ○ 177

状態：固体
発見：2006年

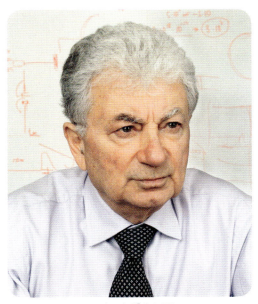

ユーリ・オガネシアン

人類がこれまでにつくったなかでもっとも重い元素がオガネソンです。 現在のところ室温では固体と予測されていますが、不活性な貴ガス（気体）という可能性もあります。今までにまだ原子が数個しかつくられていないので、性質はよくわかっていません。オガネソンは、ロシアのドゥブナにある**合同原子核研究所**でロシアとアメリカの共同研究チームによって、カリホルニウム原子とカルシウム原子を衝突させてつくられました。オガネソンという名前はチームのリーダー、**ユーリ・オガネシアン**からつけられました。

火山性の温泉からわきだす**泥水**。ラドンを含む。

ギリシャ・リスヴォリにある温泉

地下深くからラドンを含む水を引く**配管**。この地下水の熱を利用して発電機を動かす。

地熱発電所

捕集器で空気中のラドンを集め、濃度を測定する。

家庭用ラドン検査キット

ロシアの合同原子核研究所

貴ガス

用語集 Glossary

LED
light-emitting diode（発光ダイオード）の頭文字。電流が流れると発光する装置。材料に使う化合物によって光の色が変わる。

アクチノイド
原子番号の比較的大きい、放射性金属元素のグループ（アクチノイド系列）に含まれる元素。

圧力
物体の面を押す力の大きさ。面を押す力と面の面積で決まる。

アルカリ
水に溶けたときに水分子から水素イオンを受け取る化合物。酸と反応する。

アルカリ金属
水と反応してアルカリ性を示す金属元素のグループ。

アルカリ土類金属
おもにアルカリ鉱物中に存在する金属元素のグループ。

イオン
電気を帯びた原子または、原子の集まり（原子団）。原子は全体として電気を帯びていないが（中性）、電子を失うと陽イオンになり、電子を受け取ると陰イオンになる。

液体
物質をつくっている粒子（原子または分子）が緩やかに結びつき、自由に動ける状態。容器にあわせて形を変えるが、体積は変わらない。

塩
酸がアルカリと反応してできる化合物。塩化ナトリウムなど。

汚染物質
環境に放出される有害な物質。気体や液体あるいは固体の化学物質が空気や水や土に入り込んで汚染する。

化学
元素の性質や反応などを研究する科学の分野。

化学者
元素、化合物、化学反応などを研究する科学者。

化学物質
数種類の元素からなる化合物。「物質」と同じ意味。

核分裂
不安定な原子に中性子がぶつかり、その原子核が二つに分かれる反応。核分裂によって中性子が放出され、さらなる分裂反応が連鎖することもある。不安定な原子核は、中性子が衝突しなくても自発的に核分裂することが多い。核分裂は膨大なエネルギーを放出するので、発電所で電気をつくるために利用される。原子爆弾では核分裂が引き金となって爆発が起こる。

核融合
水素など小さな原子がくっついて大きな原子に変わる反応。膨大なエネルギーを放出する。太陽が輝いているのも、中心部で水素原子がくっついてヘリウム原子に変わる核融合が起こっているから。

化合物
2種以上の元素からなる物質。元素は化合物の種類によって決まった比で結合する。

硬さ
ある物体を別の物体でひっかいて測定する、傷のつきやすさの程度。

可燃性
燃えやすい性質。

貴ガス
周期表で右端の列に入る元素。原子の最外殻が電子で満たされているため不活性で、他の元素とほとんど化合物をつくらない。

気体（ガス）
物質をつくっている粒子（原子または分子）がばらばらで、自由に動ける状態。どのような形にも変われるし、どのような容器も満たすことができる。

強靭性（きょうじんせい）
外からの力に対して壊れにくい性質。鋼鉄は強靭なので、曲げたりねじったりはできても、破壊するのは難しい。

金属元素
原子の最外殻電子を他の原子に与えて反応する元素。周期表にある元素の多くは金属である。光沢をもち、ほとんどの金属は硬い固体だが、水銀だけは室温で液体。

結合
原子と原子が引力により結びつくこと。

燃焼すると炎があがる。

結晶
原子が空間的に規則正しく並んでいる固体。天然に存在する。

原子
元素の性質をもつ、もっとも小さな単位（粒子）。陽子、中性子、電子からなる。陽子の数が同じ原子は、同じ元素の性質をもつ。

原子核
原子の中心部。陽子と中性子を含み、原子の質量の大部分を占める。

原子番号
元素の原子核に含まれる陽子の数を指す。元素ごとに決まっていて、変わることはない。

元素
それ以上には分解できない、もっとも単純な成分。物質をつくりあげる基本要素でもある。現在、118種類の元素が知られている。

褐鉛鉱の結晶は**バナジウム**を含む。

用語集

合金
金属に別の金属や非金属を少量混ぜた物質。建物や線路に使われる鋼鉄も合金の一種。

光合成（こうごうせい）
植物が栄養をつくるために行う、複雑な化学反応。光を利用して、水と二酸化炭素を糖と酸素に変える。

合成
人工的につくること。118種類の元素のうち25種類以上が合成されている。

鉱石
岩石や鉱物のうち、金属などの役に立つ資源の供給源になりうるもの。

鉱物
天然に産出する固体。さまざまな元素からなる化合物（または化合物の混合物）で、結晶の形や硬さなど、鉱物ごとに特有の性質がある。地球の地殻をつくる岩石は、いろいろな鉱物の集まりである。

固体
物質をつくっている粒子（原子または分子）どうしがしっかりと結びつき、動き回れない状態。形も体積も決まっている。

混合物
同じ空間を満たすけれども、化学的な結びつきはない物質の集まり。たとえば海水、牛乳、泥など。混合物は、濾過などの物理的な方法で成分ごとに分けることができる。

再生可能エネルギー
使い尽くすことのないエネルギー。風など。

さび
鉄が酸素や水と反応してできる化合物の一般的な名前。

酸
水に溶けると水素イオンを放出する化合物。水素イオン濃度が大きいほど酸性が強い。

酸化物
酸素と他の元素が結合した化合物。

磁石
磁場をつくる固体。磁気的性質をもつ物体を引き寄せる。他の磁石と引きあったり、反発したりする。

質量
物体をつくっている物質の量。

磁場
磁石のまわりにできる力の場。

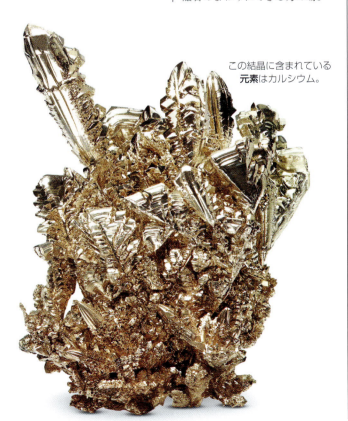

この結晶に含まれている**元素はカルシウム**。

写真ネガ
光をあてて色を反転させた画像の写る、フィルムや板。

周期
周期表で、同じ横の列に属する元素の仲間。第一周期の元素は1個、第二周期の元素は2個の電子殻をもつ。

周期表
現在わかっている、すべての元素を分類してまとめた表。

収縮
小さくなること。固体も液体も気体も、温度が下がるとたいてい収縮する。

蒸気
温度を下げたり圧力をかけたりすると、簡単に液体に変わる状態にある気体。

触媒
化学反応の速度を速める物質。

真空
空気や、その他の物質をいっさい含まない空間。

人工（物）
天然に存在しないもの。ウランよりも重い原子など、科学者が実験室でつくる人工元素もある。

水酸化物（すいさんかぶつ）
水素と酸素を含み、多くは金属元素と結合している化合物。

ステンレス鋼
鉄と炭素にクロムなどの金属を加え、さびにくくしたり、強度を増したりした合金。

素焼き
釉を塗る前の陶磁器。成形した粘土を加熱し硬くしたもの。

製錬
鉱石を熱して金属を取りだす、化学的な工程。

絶縁体
電気または熱を伝えない物質。

遷移金属
周期表の中央に位置する、金属のグループ。金属元素の多くは遷移金属。

族
周期表で、同じ縦の列に属する元素の仲間。同じ族の元素は、原子の最外殻電子の数が同じなので、似たような性質をもつ。

大気
惑星や衛星をおおう気体。地球の大気は窒素、酸素、アルゴン、その他数種類の化合物からなる混合気体。

ランタノイド系元素
イッテルビウムの塊。

炭酸塩
炭素と酸素、その他の元素からなる化合物。多くの鉱物の主成分。

中性子
原子核に存在する、電気的に中性の粒子。陽子とほぼ同じ質量をもつが、電気は帯びていない。

超伝導体
電気抵抗がゼロになり、電流を流す物質。ほとんどの物質は電気の流れを妨げ、発熱する。

電気分解
電流を流して物質を分解すること。鉱物に含まれる化合物から有用元素を取りだす場合に電気分解を利用することが多い。

電極
電流を流すために用いる導体。片方の極は正の電気を帯び、もう片方の極は負の電気を帯びる。電気分解や電池では炭素や白金が用いられる。

用語集

電子
原子の内部に存在する、負の電気を帯びた粒子。原子核のまわりに同心円状に存在する軌道（電子殻）を回る。電線中では電流となる。

牛乳は混合物。

電池
化学物質を含み、その反応によって電流を発生させる装置。一次電池と二次電池（蓄電池、充電式電池）、燃料電池、太陽電池がある。

伝導体
熱や電気を通しやすい物質。

同位体
同じ元素の原子で、陽子の数は同じだが中性子の数が異なるもの。

透明
光を通すこと。ガラスや水や空気は可視光に対して透明。多くの物質は可視光以外の電磁波に対して透明といえる。

毒
生きものにとって有害な物質。

燃焼
酸素のかかわる化学反応。ものが燃焼して熱や光が発生すると、炎があがる。

ハロゲン
周期表で右から2列めに並ぶ元素。金属と結合して塩をつくる。反応性の高い、非金属元素。

半金属元素
金属の性質と非金属の性質をあわせもつ元素。

反応
原子や分子が結合をつくり、新しい化合物を生成する過程。あるいは結合のしかたが変わって別の化合物になる過程。

非金属元素
原子の最外殻に電子を受け取って反応する元素。室温で結晶性の固体（硫黄など）と、気体（酸素など）がある。非金属元素のうち、臭素だけは室温で液体。

腐食
さまざまな固体、とくに金属に損傷を与える化学反応。たいていは酸素と水により起こる。鉄が腐食したものは、さびとよぶ。

物質
ものをつくっている材料。

沸点
液体が熱くなり気体に変わる温度。

分子
化合物をかたちづくる、もっとも小さな粒子。2個以上の原子が結びついてできている。

崩壊
放射性元素の不安定な原子が壊れる現象。崩壊すると原子が変化し、別の元素になる。

放射
原子から、電磁波（可視光、赤外線、紫外線、エックス線）としてエネルギーが放出されること。または放出された電磁波のこと。放射性物質が放出する粒子を「放射」線という。

放射性
原子核が崩壊するような、不安定な原子を含む物質が示す性質。原子核が崩壊すると粒子を放出するので原子番号が変わり、別の元素になる。

膨張
大きくなること。固体も液体も気体も、温度が上がるとたいてい膨張する。

密度
ある容量の物質が示す質量。

もろい
硬い固体が簡単に砕けること。

融点
固体が液体に変わる温度。

溶解
他の物質と完全に混ざりあうこと。多くの場合、固体（食塩など）は液体（水など）に溶解する。

陽子
原子核にある、正の電気を帯びた粒子。電子は陽子に引きつけられて、原子核のまわりを回る。

ランタノイド
原子番号の比較的大きい金属のグループ（ランタノイド系列）に含まれる元素。周期表ではアクチノイドと並んで、表の下側に書かれる。

（浮上式）リニアモーターカー
磁石を利用して、車体が線路の上に浮いたまま進む高速鉄道。磁気浮揚鉄道ともいう。

粒子
物質をつくる、基本の要素。原子をつくる、陽子、中性子、電子、その他のさらに小さな要素（素粒子）がある。

粒子加速器
原子や原子より小さな粒子を高速で衝突させる装置。衝突の結果をもとに、さらに研究が進められる。人工元素の合成や、原子より小さな粒子の研究にも使われる。サイクロトロンは粒子加速器の一種。

レーザー
一定の周波数をもつ、直進する光。光の波長が完全に揃っている。電子機器や手術に使われる。

レーダー
航空機など、遠く離れた物体の位置や移動速度を知る装置。

錬金術師
近代化学が発展する前の時代に、普通の金属を金に変えることができると考え、化学物質を用いて実験をした人たち。

緑青（ろくしょう）
空気の作用によって銅の表面にできる緑灰色の層。

バリウム鉱石の重晶石と砂漠の砂が混ざると、花びらのような形に成長する。

元素の索引（原子番号順）

原子番号	元素名	
1	水素	20
2	ヘリウム	190
3	リチウム	24
4	ベリリウム	38
5	ホウ素	130
6	炭素	142
7	窒素	154
8	酸素	166
9	フッ素	178
10	ネオン	194
11	ナトリウム	26
12	マグネシウム	40
13	アルミニウム	132
14	ケイ素	146
15	リン	158
16	硫黄	168
17	塩素	180
18	アルゴン	195
19	カリウム	30
20	カルシウム	42
21	スカンジウム	54
22	チタン	55
23	バナジウム	56
24	クロム	57
25	マンガン	58
26	鉄	60
27	コバルト	64
28	ニッケル	66
29	銅	68
30	亜鉛	72
31	ガリウム	136
32	ゲルマニウム	148
33	ヒ素	160
34	セレン	172
35	臭素	184
36	クリプトン	196
37	ルビジウム	32
38	ストロンチウム	46
39	イットリウム	74
40	ジルコニウム	76
41	ニオブ	77
42	モリブデン	78
43	テクネチウム	79
44	ルテニウム	80
45	ロジウム	81
46	パラジウム	82
47	銀	84
48	カドミウム	86
49	インジウム	137
50	スズ	149
51	アンチモン	161
52	テルル	173
53	ヨウ素	186
54	キセノン	197
55	セシウム	34
56	バリウム	48
57	ランタン	110
58	セリウム	111
59	プラセオジム	111
60	ネオジム	112
61	プロメチウム	112
62	サマリウム	113
63	ユウロピウム	113
64	ガドリニウム	114
65	テルビウム	114
66	ジスプロシウム	115
67	ホルミウム	115
68	エルビウム	116
69	ツリウム	116
70	イッテルビウム	117
71	ルテチウム	117
72	ハフニウム	87
73	タンタル	88
74	タングステン	89
75	レニウム	90
76	オスミウム	91
77	イリジウム	92
78	白金	94
79	金	96
80	水銀	100
81	タリウム	138
82	鉛	150
83	ビスマス	162
84	ポロニウム	174
85	アスタチン	187
86	ラドン	198
87	フランシウム	35
88	ラジウム	50
89	アクチニウム	120
90	トリウム	120
91	プロトアクチニウム	121
92	ウラン	122
93	ネプツニウム	122
94	プルトニウム	123
95	アメリシウム	123
96	キュリウム	124
97	バークリウム	124
98	カリホルニウム	125
99	アインスタイニウム	125
100	フェルミウム	126
101	メンデレビウム	126
102	ノーベリウム	127
103	ローレンシウム	127
104	ラザホージウム	102
105	ドブニウム	102
106	シーボーギウム	103
107	ボーリウム	104
108	ハッシウム	104
109	マイトネリウム	105
110	ダームスタチウム	106
111	レントゲニウム	106
112	コペルニシウム	107
113	ニホニウム	139
114	フレロビウム	151
115	モスコビウム	163
116	リバモリウム	175
117	テネシン	187
118	オガネソン	199

自由の女神像は**緑青**でおおわれている。

索 引 Index

※太字のページは元素の解説ページを表す。

英語

ATLAS, CERN	39, 190
DNA	159
LED	200
MRI装置	190
PET（ポジトロン放出断層撮影）	33
TNT（トリニトロトルエン）	154

あ

アイソトープ	13
アインシュタイン，アルバート	125
アインスタイニウム	**125**
亜鉛	**72**
明石海峡大橋	73
アクアマリン	38
アクチニウム	**120**
アクチノイド	14, 119, 200
アスタチン	**187**
圧力	200
アフチタル石	30
アポロ	25, 77
アメリシウム	**123**
あられ石	42
アルヴァレズ，ルイス・ウォルター	93
アルカリ	200
アルカリ金属	23, 200
アルカリ土類金属	37, 200
アルゴン	**195**
アルミニウム	**132**
アルムブルスター，ペーター	104
暗視装置	33
アンチモン	**161**
硫黄	**168**
イオン	17, 200
イオン結合	17
異極鉱	72
イッテルビウム	**117**
イットリウム	**74**
イリジウム	**92**
インジウム	**137**
隕石	92
インディゴ顔料	27
ウィンクラーニ，クレメンス・A	148
ヴェーラー，フリードリヒ	75
ヴェルスバッハ，カール・アウア・フォン	112
ヴォークラン，ルイ＝ニコラス	39
ウジョーア，アントニオ・デ	95
ウユニ塩原	26
ウラン	**122**
永久磁石	67
液体	11, 200
エックス線管	90
エプソムソルト	41
エルビウム	**116**
塩	23, 200
塩化ナトリウム	17, 27, 181
塩素	**180**
塩田	28
えんぴつ	143
黄金の観音像	98
黄鉄鉱	60, 138
黄銅鉱	68
オガネシアン，ユーリ	163, 199
オガネソン	**199**
オキシサイト	179
オスミウム	**91**
オスミリジウム	91
汚染物質	200
オパール	146
オリオン星雲	20
オーロラ	166

か

骸晶	162
灰チタン石	55
回路基板	69, 85
化学	200
化学者	10, 200
化学反応	16
化学物質	200
核分裂	200
核融合	191, 200
化合物	17, 200
過酸化水素	21
火星探査機キュリオシティ	123
硬さ	200
褐鉛鉱	56
カドミウム	**86**
ガドリニウム	**114**
ガドリン，ヨハン	74, 114
ガドリン石	54, 114
可燃性	200
カーボンファイバー	143
火薬	31
カラベラス鉱	96
カラミンローション	73
カリウム	**30**
ガリウム	**136**
カリ岩塩	30
カリ鉱石	30
カリホルニウム	**125**
加硫ゴム	169
カルシウム	**42**
カルノー石	56
岩塩	26, 180
カーン石	130
乾電池	59
ガーン，ヨハン・ゴットリーブ	59
気圧計	101
輝安鉱	161
ギオルソ，アルバート	102, 127
貴ガス	15, 189, 200
気球	21
輝コバルト鉱	64
輝水鉛鉱	78, 90
キセノン	**197**
輝蒼鉛鉱	162
気体（ガス）	11, 200
希土類	109
ギプス	43
キュリー，ピエール	51, 174
キュリー，マリー	51, 124, 174
キュリウム	**124**
強化ガラス	31
強靭性	200
共有結合	17
キルヒホフ，グスタフ	34
金	**96**
銀	**84**
金属活字	161
金属元素	200
金緑石	38
空気清浄装置	25
苦灰石	40
孔雀石	68
掘削流体	34
グラファイト	142
クリスタルガラス	150
クリプトン	**196**
クルックス，ウィリアム	138
クレーベ，ペール・テオドール	115
クロモリ鋼	78
クロム	**57**

クロム単体の実験用サンプル

索引

ダイヤモンド

クロム鉄鉱	57	コバルト	**64**	シックランド，トールビョルン		人工の雲	85

クロム鉄鉱	57	コバルト	**64**
クロロホルム	181	コバルト華	64
ゲイ=リュサック，ジョセフ・ルイ	131	コピー機	172
鶏冠石	160	コペルニクス，ニコラウス	107
蛍光灯	101	コペルニシウム	**107**
ケイ素	**146**	コール	161
珪ニッケル鉱	66	コールマン石	130
血液	60	コルンブ石	77
結合	200	コロイド溶液	17
結晶	200	混合物	17, 201
血糖測定器	83	コンデンサ	88
月面探査機ルノホート	174	根粒	154
ゲルマニウム	**148**		
ゲルマン鉱	148	**さ**	
原子	8, 12, 200		
原子核	13, 200	最外電子殻	17
原子時計	34	サイクロトロン	127
原子番号	12, 14, 200	再生可能エネルギー	201
元素	8, 200	砂金	99
元素記号	15	砂漠のバラ	45
元素周期表	14, 201	さび	17, 201
懸濁液	17	サマリウム	**113**
原油	142	サマルスキー石	113
紅亜鉛鉱	72	酸	19, 201
紅鉛鉱	57, 150	酸化物	201
抗がん剤	95	酸性雨	169
合金	201	酸素	165, **166**
光合成	41, 201	ジェイムズ・ウェッブ望遠鏡	39
合成	201	ジェット機	134
鉱石	201	死海	184
鋼鉄	61, 62	磁気探査機	33
光電子増倍管	33	磁石	67, 201
紅砒ニッケル鉱	66	ジスプロシウム	**115**
鉱物	201	自然硫黄	168
黒鉛	142	自然金	96
固体	11, 201		

シックランド，トールビョルン	127	人工の雲	85
質量	201	辰砂	100
磁場	67, 201	真鍮	69
シーボーギウム	**103**	針ニッケル鉱	81
シーボーグ，グレン・T	103, 124	神秘主義	9
写真乾板	85	水銀	**100**
写真ネガ	185, 201	水酸化物	23, 201
斜プチロル沸石	26	彗星着陸機フィラエ	124
蛇紋石	40	水素	19, **20**
臭化カリウム	184	水素爆弾	21
周期	14, 15, 201	水爆実験	125, 126
周期表	14, 201	水分計	120, 125
収縮	201	スカンジウム	**54**
重晶石	48	スクッテルド鉱	64
臭素	**184**	スズ	**149**
重曹	27	錫石	149
消火器	159, 185	スチール	61
蒸気	201	ステンレス鋼	201
鍾乳洞	43	ストロンチアン石	46
小惑星探査機「はやぶさ」	197	ストロンチウム	**46**
食塩	27	スペリー鉱	94
触媒	201	スマートフォン	25
触媒コンバータ	83	素焼き	201
食品照射	65	星雲	192
シリコン	147	製鋼所	62
ジルコニア	76	制酸薬	43
ジルコニウム	**76**	生理食塩水	31
ジルコン	76, 87	製錬	61, 201
シルバニア鉱	173	石英	146
針銀鉱	84	赤色巨星	193
真空	201	石炭	142, 143
人工（物）	201	赤リン	158
		セグレ，エミリオ	187

実験室で精錬した鉄

205

索引

球状のニッケル単体

セシウム	**34**
絶縁体	33, 201
石灰岩	43
ゼノタイム	74
セリウム	**111**
セレン	**172**
閃亜鉛鉱	72, 137
遷移金属	53, 201
閃ウラン鉱	35, 50, 122, 123, 174, 187, 198
閃電岩	146
曹灰硼石	130
曹長石	55
族	14, 15, 201

た

ダイアスポア	136
体温計	101
大気	201
タイタン	154
ダイヤモンド	142, 144
太陽	20, 191
ダナキル・デプレッション	170
タービン翼	133
ダマスカス鋼	56
ダームスタチウム	**106**
タリウム	**138**
タングステン	**89**
探査機オポチュニティ	136
炭酸塩	201
炭素	141, **142**
タンタル	**88**
タンタル石	88
チタン	**55**
窒素	153, **154**
窒素循環	155
チャンドラ・エックス線観測衛星	93
中性子	13, 201
鋳鉄なべ	61
超新星爆発	193
超伝導体	75, 201
チリ硝石	154
月の石	74
ツリウム	**116**
テクネチウム	**79**
デスバレー	130, 131
鉄	**60**
鉄隕石	60
鉄重石	89
鉄マンガン重石	89
テナール, ルイ・ジャック	131
テネシン	**187**
デービィ, ハンフリー	10, 30, 46, 48
テルビウム	**114**
テルル	**173**
電気自動車	25
電気分解	201
電気めっき	69
電極	201
電子	12, 202
電子殻	12
電磁気力	13
電磁石	68
天青石	46, 168
電池	202
伝導体	202
銅	**68**
同位体	13, 65, 202
凍結防止剤	27
銅線	68, 70
透閃石	40
透明	202
毒	202
毒重石	48
土星	190
トパーズ	178
ドブニウム	**102**
ドラッグレース	156
トリアン石	120
トリウム	**120**
トール石	35
ドルトン, ジョン	11

な

ナトリウム	**26**
鉛	**150**
軟マンガン鉱	58
ニオブ	**77**
ニッケル	**66**
ニトログリセリン	154
ニトロメタン	156
ニホニウム	**139**
ネオジム	**112**
ネオジム磁石	115
ネオン	**194**
ネプツニウム	**122**
燃焼	166, 202
燃料電池	21, 95
濃紅銀鉱	84
ノーベリウム	**127**
ノーベル, アルフレッド	127

は

灰色セレン	172
ハイブリッド自動車	115
バークリウム	**124**
白榴石	32
白リン	158
バストネス石	110, 113
発煙筒	47
白金	**94**
バックミンスターフラーレン	142
ハッシウム	**104**
バッドランズ国立公園	92
バナジウム	**56**
花火	27, 33, 41
ハフニウム	**87**
バラール, アントワーヌ・ジェローム	185
パラジウム	**82**
バリウム	**48**
バリウム溶液	49
バリッシャー石	132
ハロゲン	177, 202
半金属元素	15, 129, 202
板チタン石	55
斑銅鉱	68
反応	202
光ファイバー	173
非金属元素	15, 202
ビスマス	**162**
ヒ素	**160**
ピックアップ装置	113
日焼け止め剤	55
ピューター	149
氷晶石	178
漂白剤	182
ピンクダイヤモンド	144
フェルグソン石	115
フェルミ, エンリコ	126
フェルミウム	**126**
腐食	202
物質	202
フッ素	**178**
沸点	202
プニクトゲン	153
フライガイザー	44
プラセオジム	**111**
プラチナ	94, 95
フランシウム	**35**
ブラント, ヘニッヒ	158
フリョロフ, ゲオルギー	151
ブルーリッジ鉱山	82
プルトニウム	**123**
ブレーキディスク	39

フレロビウム		**151**
プロトアクチニウム		**121**
プロメチウム		**112**
分子		202
ブンゼン，ロベルト		11, 34
ベタダイン		186
ペニシリン		169
ベニト石		48
ヘリウム		**190**
ベリリウム		**38**
ベルセリウス，ヤコブ		11, 76
ヘール望遠鏡		25
ペレー，マルグリット		35
ペントランド鉱		66, 80
ボーア，ニールス		104
ボイル，ロバート		9
方鉛鉱		150
崩壊		202
方解石		42
放射		202
放射性		202
放射性同位体熱電気転換器（RTG）		
		47
ホウ素		129, **130**
ホウ素族		15
方ソーダ石		26
防弾チョッキ		55
膨張		202
ボーキサイト		132
蛍石		178
骨		42
ホープ，トーマス・チャールズ		46
ホフマン，ジクルト		106
ボーリウム		**104**
ポリ塩化ビニル（PVC）		181
ホルタマンの金塊		97
ポルックス石		32, 34
ホルミウム		**115**
ポロニウム		**174**
ポンド紙幣		113

ま

マイトナー，リーゼ		105
マイトネリウム		**105**
マーガリン		21
マグナカルタ		195
マグネシア		40
マグネシウム		**40**
麻酔薬		197
マッチ		159, 161
マンガン		**58**
ミイラ		27
水		19, 20, 166
密度		202
ミョウバン		132, 138
無鉛ガソリン		59
紫水晶		146
紫リン		158
メタルハライドランプ		54
メロネス鉱		173
メンデレーエフ，ドミトリ		15, 126
メンデレビウム		**126**
モアッサン，アンリ		179
毛鉱		161
木星		20
モスコビウム		**163**
モナズ石		74, 113, 120
森田浩介		139
モリブデン		**78**
もろい		202

や

雄黄		160
融点		202
ユウロピウム		**113**
ユークセン石		54
溶液		17
溶解		202
陽子		13, 202
ヨウ素		**186**
葉長石		24
溶融亜鉛めっき		73
葉緑素		41

ら

ラザフォード，アーネスト		13, 102
ラザホージウム		**102**
ラジウム		**50**
ラドン		**198**
ラボアジエ，アントワーヌ		10
ラミー，クロード・オーギュスト		
		138
ラムゼー，ウィリアム		196
ランタノイド		14, 109, 202
ランタン		**110**
リチア雲母		24, 32
リチウム		16, **24**
リチウムイオン電池		25
リニアモーターカー（浮上式）		
		191, 202
リバモリウム		**175**
リブリーザー		31
硫カドミウム鉱		86
硫酸鉛鉱		150
粒子		202
粒子加速器		190, 202
菱亜鉛鉱		72, 86
菱マンガン鉱		58
リン		**158**
燐灰ウラン石		120
燐灰石		159
燐銅ウラン石		120, 121
ルテチウム		**117**
ルテニウム		**80**
ルビー		57
ルビジウム		**32**
レーザー		75, 117, 196, 202
レーダー		47, 202
レニウム		**90**
錬金術		9
錬金術師		9, 202
レントゲニウム		**106**
レントゲン		49
レントゲン，ヴィルヘルム		106
ローレンシウム		**127**
ローレンス，アーネスト		127
緑青		69, 202
ロケット		21, 167, 191
ロジウム		**81**
ロスコー，ヘンリー		56
ロング・ソン・パゴタ		98

わ

ワルトン，ジョン・R		127

亜鉛単体の実験用サンプル

謝辞 Acknowledgements

本書の作成にあたりご協力いただいた以下のかたがたに感謝を申しあげます。: Agnibesh Das, John Gillespie, Anita Kakkar, Sophie Parkes, Antara Raghavan, and Rupa Rao for editorial assistance; Revati Anand and Priyanka Bansal for design assistance; Vishal Bhatia for CTS assistance; Jeffrey E Post, Ph D Chairman, Department of Mineral Sciences Curator, National Gem and Mineral Collection, National Museum of Natural History, Smithsonian; Kealy Gordon and Ellen Nanney from the Smithsonian Institution; Ruth O'Rourke for proofreading; Elizabeth Wise for indexing; and RGB Research Ltd (periodictable.co.uk), especially Dr Max Whitby (Project Director), Dr Fiona Barclay (Business Development), Dr Ivan Timokhin (Senior Chemist), and Michal Miškolci (Production Chemist).

写真の掲載を承諾してくださった以下のかたがたにお礼を申しあげます。

（注：a－上方；b－下方／下端；c－中央；f－奥；l－左；r－右；t－上端）

9 Bridgeman Images: Golestan Palace Library, Tehran, Iran (cra). **Fotolia:** Malbert (ca). **Getty Images:** Gallo Images Roots Rf Collection / Clinton Friedman (fcla). **Wellcome Images http://creativecommons.org/licenses/by/4.0/:** (crb). **13 Getty Images:** Stockbyte (cra). **Science Photo Library:** Mcgill University, Rutherford Museum / Emilio Segre Visual Archives / American Institute Of Physics (crb). **15 Science Photo Library:** Sputnik (crb). **17 Alamy Stock Photo:** Dennis H. Dame (cr). **20 Dreamstime.com:** Alekc79 (cb). **NASA:** X-ray: NASA / CXC / Univ. Potsdam / L.Oskinova et al; Optical: NASA / STScI; Infrared: NASA / JPL-Caltech (cra). **21 Alamy Stock Photo:** Phil Degginger (cb); ULA (fcr). **NASA:** Bill Rodman (cla). **Science Photo Library:** U.S. Navy (crb). **24 Alamy Stock Photo:** PjrStudio (crb). **Dreamstime.com:** Titovstudio (ca). **naturepl.com:** Christophe Courteau (cr). **25 123RF.com:** Federico Cimino (cr). **Dreamstime.com:** Aleksey Boldin (cla). **Getty Images:** Corbis (cla/mirror); Driendl Group (cb). **NASA:** (crb). **Science Photo Library. 26 123RF.com:** Stellargems (cra); Sara Winter (crb). **Dorling Kindersley:** Tim Parmenter / Natural History Museum, London (cr). **27 123RF.com:** Todsaporn Bunmuen (cl); Francis Dean (crb). **Alamy Stock Photo:** Artspace (cr); Hemis (c). **Dreamstime.com:** Abel Tumik (clb). **28-29 Alamy Stock Photo:** Hemis. **30 Alamy Stock Photo:** Siim Sepp (c).
31 123RF.com: Petkov (ca). **Alamy Stock Photo:** Doug Steley B (cb). **Dorling Kindersley:** Dave King / The Science Museum, London (clb). **Dreamstime.com:** Mohammed Anwarul Kabir Choudhury (cr); Jarp3 (crb). **Getty Images:** John B. Carnett (c). **Science Photo Library:** CLAIRE PAXTON & JACQUI FARROW (cl). **32 123RF.com:** Dario Lo Presti (cra). **Getty Images:** De Agostini Picture Library (cr). **33 123RF.com:** Lenise Calleja (c/cracker); Chaiyaphong Kitphaephaisan (cr). **Alamy Stock Photo:** David J. Green (c). **Dreamstime.com:** Robert Semnic (cl). **Getty Images:** Stocktrek Images (cla). **Natural Resources Canada, Geological Survey of Canada:** (cb). **34 Dorling Kindersley:** Oxford University Museum of Natural History (cla). **Getty Images:** Ullstein Bild (clb); Universal Images Group (crb). **35 Alamy Stock Photo:** Universal Images Group North America LLC / DeAgostini (cla). **Getty Images:** Keystone-France (ca). **39 123RF.com:** Vladimir Kramin (crb). **Alamy Stock Photo:** Craig Wise (cla). **Dreamstime.com:** Studio306 (cla/sprinkler). **Getty Images:** fStop Images - Caspar Benson (cb). **NASA:** NASA / MSFC / David Higginbotham (c). **Science Photo Library:** David Parker (cr). **Wellcome Images http://creativecommons.org/licenses/by/4.0/:** Wellcome Library (cra). **40 Dorling Kindersley:** Colin Keates / Natural History Museum, London (cla). **41 123RF.com:** Thodonal (cb). **Alamy Stock Photo:** Mohammed Anwarul Kabir Choudhury (clb/cement); Dominic Harrison (cla); Phil Degginger (clb). **Dreamstime.com:** Nu1983 (cr); Marek Uliasz (cra). **Getty Images:** Yoshikazu Tsuno (crb). **Rex by Shutterstock:** Neil Godwin / Future Publishing (cl). **42 Alamy Stock Photo:** Phil Degginger (cl). **Dorling Kindersley:** Natural History Museum, London (clb); Holts Gems (cla). **43 123RF.com:** Oksana Tkachuk (c). **Alamy Stock Photo:** Ekasit Wangprasert (cb). **Dreamstime.com:** Waxart (cr). **44-45 Alamy Stock Photo:** Inge Johnsson. **47 123RF.com:** Anatol Adutskevich (cra); Paweł Szczepański (ca); Ronstik (crb). **Dorling Kindersley:** Durham University Oriental Museum (cla). **Dreamstime.com:** Showface (cr). **iStockphoto.com:** Lamiel (cl). **48-49 Alamy Stock Photo:** The Natural History Museum (cb). **49 123RF.com:** Roman Ivaschenko (cr); Wiesław Jarek (ca). **Getty Images:** DEA / S. VANNINI (c). **Science Photo Library:** ALAIN POL, ISM (crb). **51 Getty Images:** Heritage Images (cra). **Science Photo Library:** Public Health England (ca, crb); Public Health England (cb). **54 123RF.com:** Stocksnapper (cb). **Alamy Stock Photo:** Universal Images Group North America LLC / DeAgostin (cra). **Dreamstime.com:** Dimitar Marinov (crb). **55 123RF.com:** Leonid Pilnik (fcra); Sergei Zhukov (cr). **Alamy Stock Photo:** Military Images (cra); Hugh Threlfall (fcrb). **Dreamstime.com:** Flynt (crb). **56 123RF.com:** Mykola Davydenko (clb); Kaetana (crb). **Alamy Stock Photo:** Shawn Hempel (cl). **57 Alamy Stock Photo:** imageBROKER (crb). **Dorling Kindersley:** Natural History Museum, London (cr). **58 Alamy Stock Photo:** Vincent Ledvina (clb). **59 123RF.com:** Chaiyaphong Kitphaephaisan (c/rail); lightboxx (c); Tawat Langnamthip (crb). **Alamy Stock Photo:** Hemis (cb); B.A.E. Inc. (ca). **Dreamstime.com:** Nexus7 (cr). **Getty Images:** Michael Nicholson (cra). **60 123RF.com:** Serezniy (clb). **Getty Images:** Detlev van Ravenswaay (cl). **61 Alamy Stock Photo:** PhotoCuisine RF (c); SERDAR (l). **Dorling Kindersley:** Doubleday Holbeach Depot (cra). **Dreamstime.com:** Igor Sokolov (clb). **Science Photo Library:** Jim West (cr). **62-63 123RF.com:** Wang Aizhong. **64 Alamy Stock Photo:** Susan E. Degginger (crb); The Natural History Museum (cr). **65 Dorling Kindersley:** Rolls Royce Heritage Trust (cl). **Dreamstime.com:** Margojh (c). **Getty Images:** Pascal Preti (cb); Science & Society Picture Library (cla). **66 Alamy Stock Photo:** Alan Curtis / LGPL (ca). **67 123RF.com:** Psvrusso (ca); Евгений Косцов (crb). **Alamy Stock Photo:** INTERFOTO (fcla). **Dorling Kindersley:** National Music Museum (cla). **Getty Images:** Fanthomme Hubert (cra). **68 Alamy Stock Photo:** Jeff Rotman (crb). **Dorling Kindersley:** Natural History Museum, London (ca); Oxford University Museum of Natural History (clb). **69 123RF.com:** Dilyana Kruseva (cr); Vitaliy Kytayko (cla); Photopips (crb). **Alamy Stock Photo:** Paul Ridsdale Pictures (tc). **Dorling Kindersley:** University of Pennsylvania Museum of Archaeology and Anthropology (cb). **70-71 Alamy Stock Photo:** Novarc Images. **72 Alamy Stock Photo:** Phil Degginger (cla). **73 Alamy Stock Photo:** PjrStudio (clb). **Dreamstime.com:** Sean Pavone (cra). **NASA. 74 Dorling Kindersley:** Oxford University Museum of Natural History (cla). **75 123RF.com:** Belchonock (cr); Weerayos Surareangchai (cla). **Alamy Stock Photo:** dpa picture alliance (ca); Georgios Kollidas (cra); PNWL (cl). **Getty Images:** SSPL (cb). **Science Photo Library:** David Parker (crb). **76 123RF.com:** Okan Akdeniz (clb); Nevarpp (fclb); Andriy Popov (crb). **Dreamstime.com:** Ryan Stevenson (cb). **77 123RF.com:** Mohammed Anwarul Kabir Choudhury (cra); Vladimir Nenov (crb). **Alamy Stock Photo:** The Natural History Museum (cl). **NASA. 78 Alamy Stock Photo:** Oleksandr Chub (crb); The Natural History Museum (ca). **Science Photo Library. 78-79 Alamy Stock Photo:** Susan E. Degginger (c); epa european pressphoto agency b.v. (cb). **79 Science Photo Library:** David Parker (crb); Rvi Medical Physics, Newcastle / Simon Fraser (cr). **80 123RF.com:** Missisya (cb); Darren Pullman (clb). **Alamy Stock Photo:** GFC Collection (crb). **81 123RF.com:** Hywit Dimyadi (cra). **Dreamstime.com:** Shutterman99 (ca). **Getty Images:** Alain Nogues (crb). **82 Alamy Stock Photo:** Greenshoots Communications (ca); PjrStudio (crb). **Dreamstime.com:** Robert Chlopas (cr). **Science Photo Library. 83 123RF.com:** Dmitry Lobanov (crb); Jose Ignacio Soto (tr); Valerii Zan (cr). **Dreamstime.com:** Maloy40 (ca). **Getty Images:** Paul Taylor (cl). **84 Getty Images:** DEA / PHOTO 1 (clb); DEA / G.CIGOLINI (cl). **85 Alamy Stock Photo:** David J. Green (ca); Chromorange / Juergen Wiesler (crb). **Dorling Kindersley:** The University of Aberdeen (ca). **Dreamstime.com:** Stephanie Frey (cla); Gaurav Masand (cl). **Getty Images:** Science & Society Picture Library (clb). **Science Photo Library. 86 123RF.com:** Serhii Kucher (crb). **Alamy Stock Photo:** Ableimages (crb/micro). **Dreamstime.com:** Michal Baranski (cra). **Getty Images:** Lester V. Bergman (cra). **Science Photo Library. 87 Dreamstime.com:** Andrey Eremin (clb). **Science Photo Library. 88 123RF.com:** Ludinko (cra). **Getty Images:** Trisha Leeper (cra). **89 123RF.com:** Akulamatiau (crb); Anton Starikov (clb). **Dreamstime.com:** Homydesign (cb). **90 Alamy Stock Photo:** Antony Nettle (crb). **Dreamstime.com:** Farbled (c); Vesna Njagulj (clb). **91 Alamy Stock Photo:** Science (cra). **Dreamstime.com:** Reddogs (crb). **Science Photo Library:** Dr Gopal Murti (ca); Dirk Wiersma (cla). **92 Alamy Stock Photo:** Citizen of the Planet (crb). **Getty Images:** Yva Momatiuk and John Eastcott (cra). **Science Photo Library. 93 123RF.com:** Sergey Jarochkin (crb); mg154 (cl). **Alamy Stock Photo:** Pictorial Press Ltd (clb). **NASA:** CXC / NGST (ca). **94 Dorling Kindersley:** Natural History Museum, London (ca). **Science Photo Library:** Natural History Museum, London (l). **95 Alamy Stock Photo:** Four sided triangle (c); I studio (ca); Friedrich Saurer (cb). **Dreamstime.com:** Adamanto (cr). **Getty Images:** PHAS (cra); Royal Photographic Society (cl). **Science Photo Library:** Dr P. Marazzi (fcr); National Physical Laboratory (C) Crown Copyright (cla); Sovereign / Ism (crb). **96 Science Photo Library:** Science Stock Photography (cra). **97 123RF.com:** Ratchaphon Chaihuai (clb). **Dorling Kindersley:** Alistair Duncan / Cairo Museum (ca); Barnabas Kindersley (cl). **Dreamstime.com:** Nastya81 (crb); Scanrail (c). **Getty Images:** Charles O'Rear (fcrb); John Phillips (cr). **magiccarpics.co.uk:** Robert George (cb). **NASA. 98-99 Alamy Stock Photo:** imageBROKER. **101 123RF.com:** Teerawut Masawat (cla). **Getty Images:** Science & Society Picture Library (ca); Science & Society Picture Library (cr). **Paul Hickson, The University of British Columbia:** (clb). **102 Getty Images:** Bettmann (cla). **Science Photo Library:** Ernest Orlando Lawrence Berkeley National Laboratory / Emilio Segre Visual Archives / American Institute Of Physics (clb). **103 Alamy Stock Photo:** Peter van Evert (crb); Randsc (clb). **Science Photo Library:** Lawrence Berkeley National Laboratory (cr). **104 Science Photo Library:** David Parker (clb); Wheeler Collection / American Institute Of Physics (cla); David Parker (cb). **105 Alamy Stock Photo:** imageBROKER (cla). **Science Photo Library:** Emilio Segre Visual Archives / American Institute Of Physics (cb). **106 Alamy Stock Photo:** Granger Historical Picture Archive (clb). **Science Photo Library:** David Parker (cla). **107 Alamy Stock Photo:** Sherab (cl). **Science Photo Library:** Dung Vo Trung / Look At Sciences (cr). **110 123RF.com:** Oleksandr Marynchenko (clb); Naruedom Yaempongsa (crb). **Alamy Stock Photo:** John Cancalosi (cla); Reuters (cb). **111 123RF.com:** Cobalt (cra); Veniamin Kraskov (cra/red). **Dreamstime.com:** Akulamatiau (cb). **Science Photo Library. 112 Alamy Stock Photo:** Everett Collection Historical (crb). **113 Alamy Stock Photo:** Ivan Vdovin (crb). **Fotolia:** Efired (cra). **114 Rex by Shutterstock:** (crb). **Science Photo Library:** Pr Michel Brauner, ISM (cra). **115 Alamy Stock Photo:** G M Thomas (cr). **Science Photo Library:** Patrick Llewelyn-Davies (crb). **116 123RF.com:** Vereshchagin Dmitry (br); Vitalii Tiahunov (cra); Vitalii Tiahunov (fcra). **117 123RF.com:** Preecha Bamrungrai (crb). **Dreamstime.com:** Hxdbzxy (cra). **120 Alamy Stock Photo:** Yon Marsh (br). **ESA:** (cra). **Science Photo Library:** Dirk Wiersma (clb). **121 Alamy Stock Photo:** Mike Greenslade (l). **Science Photo Library:** Trevor Clifford Photography (cra); Sputnik (crb). **122 Alamy Stock Photo:** Derrick Alderman (cr). **Science Photo Library:** J.C. REVY, ISM (cra); Lawrence Berkeley Laboratory (crb). **123 NASA:** NASA / JPL-Caltech / Malin Space Science Systems (cra). **Science Photo Library:** Thedore Gray, Visuals Unlimited (ca). **124 Alamy Stock Photo:** Randsc (crb). **Dreamstime.com:** Marcorubino (clb). **NASA. Science Photo Library:** Science Source (cla). **125 Alamy Stock Photo:** 501 collection (ca). **Getty Images:** George Rinhart (clb). **Science Photo Library:** US Department Of Energy (ca). **126 Science Photo Library:** American Institute Of Physics (cra); Sputnik (cb); Sputnik (clb). **127 Alamy Stock Photo:** Granger Historical Picture Archive (clb). **Science Photo Library:** Ernest Orlando Lawrence Berkeley National Laboratory / Emilio Segre Visual Archives / American Institute Of Physi (ca). **130 123RF.com:** Terry Davis (cla). **Alamy Stock Photo:** Chris stock photography (fcra). **130-131 Alamy Stock Photo:** Universal Images Group North America LLC / DeAgostini (cb). **131 123RF.com:** Sirichai Asawalapsakul (ca); Joerg Hackemann (cla); Wilawan Khasawong (ca/boric); Michał Giel (c/TV). **Alamy Stock Photo:** Chronicle (fcra). **Dorling Kindersley:** Tank Museum (crb). **Fotolia:** L_amica (c); Alex Staroseltsev (cr). **Getty Images:** Heritage Images (ca). **132 Science Photo Library:** Dirk Wiersma (ca). **133 123RF.com:** Destinacigdem (cla); Olaf Schulz (cb). **Dreamstime.com:** Apple Watch Edition™ is a trademark of Apple Inc., registered in the U.S. and other countries. (cr); Stepan Popov (cl); Simon Gurney (fcr); Zalakdagli (clb). **134-135 Getty Images:** Brasil2. **136 123RF.com:** Martin Lehmann (c). **Alamy Stock Photo:** BSIP SA (cra). **Getty Images:** Visuals Unlimited, Inc. / GIPhotoStock (cra/disc). **NASA. 137 123RF.com:** Norasit Kaewsai (cb/trans); Ouhdesire (clb); Dmytro Sukharevskyy (cb). **Dreamstime.com:** Christian Delbert (crb). **138 Dreamstime.com:** Monika Wisniewska (cl). **Getty Images:** Science & Society Picture Library (cr). **139 123RF.com:** Fotana (clb). **Alamy Stock Photo:** Stock Connection Blue (cla). **Getty Images:** The Asahi Shimbun (cr). **142 Alamy Stock Photo:** Pablo Paul (cra); WidStock (cla). **Dorling Kindersley:** Natural History Museum (crb); Natural History Museum (fcra). **143 123RF.com:** Oleksii Sergieiev (crb). **Alamy Stock Photo:** David J. Green (cla); Image.com (ca). **Dorling Kindersley:** National Cycle Collection (ca/cycle); The Science Museum, London (fcrb). **144-145 Bridgeman Images:** Christie's Images. **146 123RF.com:** Danilo Forcellini (fcrb). **Alamy Stock Photo:** Phil Degginger (cra); Perry van Munster (crb). **147 123RF.com:** Scanrail (ca). **Alamy Stock Photo:** MixPix (cla); Haiyin Wang (crb). **Dreamstime.com:** Halil I. Inci (fcrb). **Getty Images:** Handout (cr). **Science Photo Library:** Lawrence Berkeley National Laboratory (cb). **148 123RF.com:** Viktoriya Chursina (cra). **Dreamstime.com:** Bright (crb); Oleksandr Lysenko (cr). **Getty Images:** DEA / G. CIGOLINI (cla). **149 123RF.com:** Lapis2380 (cb). **150 Alamy Stock Photo:** Sarah Brooksby (cb). **Dorling Kindersley:** Natural History Museum, London (ca). **151 123RF.com:** Vira Dobosh (clb). **Science Photo Library:** Sputnik (cr); Sputnik (cb). **154 Science Photo Library:** Dr.Jeremy Burgess (clb). **155 123RF.com:** Mohammed Anwarul Kabir Choudhury (cra/color); Teerawut Masawat (cla); David Gilbert (ca). **Alamy Stock Photo:** Lyroky (cr); Tim Scrivener (crb). **NASA:** JPL (cra). **156-157 Getty Images:** Icon Sports Wire. **158 Dorling Kindersley:** Natural History Museum, London (cr/beaker). **Dreamstime.com:** Tomas Pavelka (c). **Getty Images:** Auscape (ca). **158-159 Science Photo Library. 159 123RF.com:** Action sports (cb); De2marco (c); Arina Zaiachin (clb); Mohammed Anwarul Kabir Choudhury (crb). **Getty Images:** Simone Brandt (cr). **160 123RF.com:** Maksym Yemelyanov (crb). **Alamy Stock Photo:** Andrew Ammendolia (fclb). **Dreamstime.com:** Jaggat (clb); Science Pics (ca). **161 Dreamstime.com:** Chris Boswell (cra). **Getty Images:** SuperStock (cb). **Science Photo Library:** Phil Degginger (cla); Phil Degginger (fcla). **162 Dorling Kindersley:** Harry Taylor (cla). **163 123RF.com:** Serezniy (cl). **Dreamstime.com:** Ericlefrancais (cla); Bert Folsom (clb). **Science Photo Library:** Sputnik (cr). **166 123RF.com:** Kameel (clb); Russ McElroy (cra). **167 123RF.com:** Rostislav Ageev (cra/diver). **Alamy Stock Photo:** PhotoAlto (crb); RGB Ventures / SuperStock (fcr). **Dreamstime.com:** Narin Phapnam (cb); Uatp1 (cl). **Getty Images:** STR (clb). **SuperStock:** Cultura Limited / Cultura Limited (cra). **168 123RF.com:** Cseh Ioan (clb). **Alamy Stock Photo:** Big Pants Productions (cb). **Science Photo Library:** Farrell Grehan (cra). **168-169 Alamy Stock Photo:** The Natural History Museum (ca). **169 123RF.com:** Lucian Milasan (clb); Nikkytok (c). **Alamy Stock Photo:** Krys Bailey (clb); Paul Felix Photography (cra). **Dreamstime.com:** Nfransua (ca); Kirsty Pargeter (cla); Olha Rohulya (cb). **170-171 Getty Images:** Kazuyoshi Nomachi. **172 123RF.com:** Maksym Bondarchuk (crb); Sauletas (cb). **Dreamstime.com:** Orijinal (clb). **Science Photo Library:** Dirk Wiersma (cra). **173 123RF.com:** Jiri Vaclavek (ca). **Alamy Stock Photo:** Hugh Threlfall (fcra); Universal Images Group North America LLC / DeAgostini (cla). **Getty Images:** Steve Proehl (crb). **174 Alamy Stock Photo:** Dan Leeth (clb). **175 Alamy Stock Photo:** CPC Collection (cb); Sputnik (cla). **178 Dorling Kindersley:** Natural History Museum, London (crb); Oxford University Museum of Natural History (cla). **179 123RF.com:** Kirill Krasnov (c); Chaovarut Sthoop (clb). **Alamy Stock Photo:** The Print Collector (cra); World History Archive (cl); World foto (cr). **Dreamstime.com:** Bogdan Dumitru (fcrb); Stephan Pietzko (cla). **Getty Images:** John B. Carnett (crb). **181 123RF.com:** Sergey Jarochkin (c); Dmitry Naumov (cr); Hxdbzxy (cb, cb/bleach). **Alamy Stock Photo:** Maksym Yemelyanov (crb). **Dorling Kindersley:** Thackeray Medical Museum (cl). **182-183 Science Photo Library:** Alexis Rosenfeld. **184-185 Getty Images:** George Steinmetz (cb). **Science Photo Library:** Charles D. Winters (c). **185 Dreamstime.com:** Jose Manuel Gelpi Diaz (crb); Larry Finn (ca). **Science Photo Library. 186 123RF.com:** Alexandr Malyshev (fcra); (cra). **Alamy Stock Photo:** BSIP SA (crb). **187 Science Photo Library:** Union Carbide Corporation's Nuclear Division, courtesy EMILIO SEGRE VISUAL ARCHIVES, Physics Today Collection / AMERICAN INSTITUTE OF PHYSICS (clb). **190-191 Dreamstime.com:** Andrey Navrotskiy (b). **190 123RF.com:** Leonid Ikan (cb). **© CERN:** (cra). **191 Dreamstime.com:** Yinan Zhang (cb). **iStockphoto.com:** Gobigpicture (t). **Science Photo Library:** Brian Bell (ca); Patrick Landmann (crb). **192-193 Getty Images:** Rolf Geissinger / Stocktrek Images. **194 123RF.com:** Rainer Albiez (cra). **Alamy Stock Photo:** D. Hurst (crb). **Science Photo Library:** Andrew Lambert Photography (cb). **195 Dreamstime.com:** Stocksolutions (cr). **Getty Images:** Floris Leeuwenberg (cra); Mario Tama (clb). **Science Photo Library:** Crown Copyright / Health & Safety Laboratory (crb). **196 Dorling Kindersley:** Clive Streeter / The Science Museum, London (cb). **Dreamstime.com:** Liouthe (cra). **Getty Images:** Genya Savilov (fcra). **Science Photo Library:** (clb). **197 123RF.com:** Alexlmx (fcrb). **Alamy Stock Photo:** Georgiy Datsenko (crb). **Dreamstime.com:** Jultud (clb). **Getty Images:** Brand X Pictures (cra). **NASA:** JPL-Caltech (cb). **198 Science Photo Library:** Dirk Wiersma (ca). **199 123RF.com:** Nmint (cl). **Alamy Stock Photo:** ITAR-TASS Photo Agency (cra); Gordon Mills (cla); RGB Ventures / SuperStock (clb); ITAR-TASS Photo Agency (crb). **200 Alamy Stock Photo:** Shawn Hempel (bc). **205 Dorling Kindersley:** Natural History Museum (cla)

その他の写真はすべて © Dorling Kindersley
詳細は **www.dkimages.com** を参照